# 江汉平原典型河流（汉北河）生态需水研究

闫少锋　熊瑶　著

中国水利水电出版社
www.waterpub.com.cn
·北京·

# 内 容 提 要

本书以江汉平原典型河流——汉北河为研究对象，结合国内外相关文献，基于水力学中的流速法对汉北河生态需水量进行了研究，主要内容包括研究流域概况、河流生态需水计算方法、河流生径比基本理论、流速法生态流量组合计算、基于流速法的生态需水计算及分析、生径比计算及分析、结论与展望等。本书研究成果可为相关调查评估、规划设计提供定量指标及标准依据，为流域水资源配置、生态保护提供技术参考。

本书可供水利设计单位的科研、技术人员，以及高等学校相关专业的教师、研究生、本科生阅读参考。

## 图书在版编目（CIP）数据

江汉平原典型河流（汉北河）生态需水研究 / 闫少锋，熊瑶著. -- 北京：中国水利水电出版社，2022.10
ISBN 978-7-5226-1003-0

Ⅰ．①江… Ⅱ．①闫… ②熊… Ⅲ．①江汉平原—河流—生态环境—需水量—研究 Ⅳ．①X143

中国版本图书馆CIP数据核字(2022)第172218号

| 书　　　名 | 江汉平原典型河流（汉北河）生态需水研究<br>JIANG - HAN PINGYUAN DIANXING HELIU（HANBEI HE）<br>SHENGTAI XUSHUI YANJIU |
|---|---|
| 作　　　者 | 闫少锋　熊　瑶　著 |
| 出版发行 | 中国水利水电出版社<br>（北京市海淀区玉渊潭南路1号D座　100038）<br>网址：www.waterpub.com.cn<br>E-mail：sales@mwr.gov.cn<br>电话：(010) 68545888（营销中心） |
| 经　　　售 | 北京科水图书销售有限公司<br>电话：(010) 68545874、63202643<br>全国各地新华书店和相关出版物销售网点 |
| 排　　　版 | 中国水利水电出版社微机排版中心 |
| 印　　　刷 | 北京九州迅驰传媒文化有限公司 |
| 规　　　格 | 170mm×240mm　16开本　5.25印张　103千字 |
| 版　　　次 | 2022年10月第1版　2022年10月第1次印刷 |
| 定　　　价 | **30.00元** |

# 前　言

江汉平原位于湖北省中南部，由长江与汉江冲积而成，因其地跨长江和汉江而得名，是中国三大平原之一的长江中下游平原的重要组成部分。江汉平原地势平坦、土地肥沃、物产丰富、交通便利，拥有得天独厚的自然条件和区位优势，不仅是湖北省政治、经济、文化中心，也是我国中部社会经济最为发达的地区之一。

近年来，受社会经济发展的影响，江汉平原水资源、水生态环境现状已不能适应新时代发展要求，江汉平原水安全亟须得到保障。如何确定生态需水，如何协调生态需水与水资源配置的关系、流域之间及流域上下游之间的需水关系，是水科学的重点研究课题。本书选择江汉平原典型河流——汉北河作为研究对象，利用流速法开展河流生态需水研究，以期为平原河网地区的河流生态需水计算提供技术支撑。

本书由闫少锋负责统稿工作。全书共8章，第1～2章、第5～8章由闫少锋撰写，第3～4章由长江勘测规划设计研究有限责任公司的熊瑶工程师撰写。第1章主要介绍了研究背景、研究内容及方法等；第2章介绍了研究流域概况；第3章介绍了采用的生态需水计算方法；第4章简述了河流生径比的基本理论；第5章介绍了流速法生态流量组合计算；第6章阐述了基于流速法的生态需水计算及分析；第7章阐述了生径比计算及分析；第8章为结论与展望。

本书由"水利人才基金会——水利青年人才发展资助项目计划"以及"国家自然科学基金委区域创新发展联合基金重点支持项目（U21A2002）"资助，特此感谢。由于作者水平有限，书中难免存在不妥与不足之处，恳请读者朋友和有关专家批评指正。

作者

2022 年 6 月

# 目　录

# 第1章 绪 论

## 1.1 研究背景

水资源是人类社会生存和发展的物质基础，而水资源短缺和水污染问题制约着全球经济和社会的发展，并对人类的生存环境产生深刻的影响[1]。河流具有涵养水分、缓解旱涝、控制洪水、稳定局部气候以及调节生态系统等作用，它不仅是可供开发的资源，更是河流系统生命的载体、水生生物的栖息地。随着我国国民经济的快速发展，水资源供需矛盾日益尖锐，水污染、水生态环境恶化等河流生态环境问题愈加凸显，生态需水需求在河流生态系统中愈加重要。在河流水资源的规划与管理中，面临着严格核定和科学利用水域纳污容量、充分考虑基本生态用水需求、恢复水环境、维护河湖健康生态的国家需求。为实现我国经济社会又好又快的发展，缓解我国资源和环境的瓶颈制约，国家出台了相关政策以遏制水生态恶化的局面。2011年中央一号文件《中共中央 国务院关于加快水利改革发展的决定》提出，要实行最严格水资源管理制度，划定水资源管理"三条红线"。《关于实行最严格水资源管理制度的意见》（2012年2月）、《关于加快推进生态文明建设的意见》（2015年5月）等文件，提出严守生态红线，协调生态需水，将生态需水作为取用水总量控制的重要指标，或将生态需水作为关键内容纳入水资源开发利用及配置中。2015年4月，国务院印发《水污染防治行动计划》（即"水十条"），强调科学确定生态流量作为流域水量调度的重要参考，并提出到2020年，长江、黄河、珠江、松花江、淮河、海河、辽河等七大重点流域水质优良（达到或优于Ⅲ类）比例总体要达到70%以上的目标。2016年中央一号文件强调要落实最严格水资源管理制度，强化水资源管理"三条红线"刚性约束，实行水资源消耗控制行动的要求。2016年7月，全国人大常委会通过的新《中华人民共和国水法》（2016年7月修订）规定："要优先保证生态需水的前提下进行水资源的可持续开发和利用"。2021年3月1日起施行的《中华人民共和国长江保护法》第七条和第三十一条分别明确规定"建立健全长江流域水环境质量和污染物排放、生态环境修复、水资源节约集约利用、生态流量、生物多样性保护、水产养殖、防灾减灾等标准体系"和"提出长江干流、重要支流和重要湖泊控制断面的生态流量管控指标"。如何基于有限的水资源总量，实现水资源的合理配置，维持合理的生态环境需水量，将人类活动控制在生态、资源、环境允许的范围内，在满足经济发展的同时，使水资源永续利用，这是当前亟待解决的薄弱环节和关键问题。本书紧扣国家发展中的重大科技需求，针对水资源研究和应用中存在的问题，分析河流水循环以及污染过程，提出生态需水适宜性的计算评价体系和方法，对水资源配置和水环境可持续利用具有重要的科学意义。

长期以来，由于人类过度地开发河流水源和占用水资源的生态空间，加之全球气候变化的影响，河流系统的结构和功能遭到破坏，造成了生态系统结构和功能的丧失和下降，导致了诸如湖泊湿地萎缩、河流断流、地下水位下降、水质污染、河川淤积、水体自净能力降低、水环境恶化等一系列严重的生态问题。人类活动对生态环境影响的程度越来越大，水资源作为生态系统最重要的因子之一，其开发利用范围和强度不断扩大和加深，产业用水和生活用水不断增加，人们在水资源管理中仅仅重视这两方面的水资源需求，而忽视生态需水，已经影响到了生态系统的安全，人类活动对生态系统需水量的挤占已成为生态环境退化的一个重要原因。为此，国家出台多项政策以实现水源保护、污染治理以及保障生态需水等目的。

近年来，尽管我国水污染防治工作取得了积极进展，由于社会经济的快速发展，人与自然的冲突加大，水环境质量差、水资源保障能力弱、水生态受损重、环境隐患多等问题依然十分突出。目前，我国正从以需定供的水资源配置发展到面向宏观经济和面向生态的水资源合理配置，把生态需水作为水资源配置需水结构中重要的组成部分。如何确定生态需水，如何协调生态需水与水资源配置的关系、流域之间以及流域上下游之间的需水关系，是水科学的重点研究课题。

## 1.2 研究目的与意义

我国人多水少、水资源时空分布不均，水资源短缺、粗放利用、水污染严重、水生态恶化等问题十分突出，随着社会和经济的迅速发展，水资源匮乏和水污染已成为社会发展的制约因素。随着工业化、城镇化的深入发展，水资源需求将在较长一段时期内持续增长，水资源供需矛盾将更加尖锐，我国水资源面临的形势将更为严峻，合理开发利用和保护好水资源，是我国可持续发展的关键问题[5]。

长期以来水资源利用规划的指导思想，均是为工农业服务，而忽视生态用水需求[6]。由于水资源在自然和社会经济系统中的不合理分配，特别是人类过多地占用（或控制）了水资源，河流生态环境日趋恶化[7]。当前在区域水资源开发利用规划与管理中，必须要突破传统的水资源配置观念，除考虑经济再生产对水资源的需求外，还要充分考虑自然再生产，即维持生态平衡对水资源的需求。要保护生态环境，合理利用有限的水资源，实现国民经济的可持续发展，必须科学研究生态需水量问题，以实现水资源的科学配置和有效管理。维护生态平衡，保护和改善生态环境，优先解决生态环境用水问题已成为我国社会经济可持续发展的前提条件。因此对于有限的水资源，如何进行优化配置，维持合理的生态需水量，恢复和重建受损的生态系统，以实现社会经济的可持续发展、水资源的持续利用以及生态平衡维护的需要等问题，已越来越受到国际社会的广泛关注和重视，也是当前亟待解决的薄弱环节和关键问题。因此，研究生态需水为实现我国水资源区域间、部门间的合理配置和可持续开发利用及其发展战略提供科学依据，具有十分重要的意义[8]。

湖北省水资源量以及水资源分布特征，决定了区域性缺水时有发生，加之水污染日益严重，在一些地区已经成为社会经济发展的制约因素[5]。由于长期以来生态用水被大量挤占，汉北河流域水环境压力巨大，工业排放导致河流污染严重，由于缺水还出现了断流甚至部分河段干涸等严重情况。研究汉北河生态需水量有助于流域水资源合理科学的分配，可以为生态环境的保护提供重要依据，以及为流域生态系统可持续发展提供具体可行的措施和方法[9]。

# 1.3　国内外研究进展

生态需水研究是生态水文学的重要内容之一，其研究对象包括河流、湖泊、湿地、绿洲等众多水域生态系统，由于河流与人类活动的关系最为密切且影响深远，因此国内外关于生态需水的研究一直主要集中在河流方面[10]。

### 1.3.1　国外研究

生态需水研究最早开始于美国，主要集中在河流生态环境需水研究方面[11-12]。早期生态需水的研究主要是为满足河流的航运功能而对枯水流量进行研究，而后由于河流污染问题的出现，人们开始对最小可接受流量进行研究。

20 世纪 40 年代，美国渔业与野生动物保护组织为了避免河流生态系统退化提出了河流需保持其最小的生态流量，此阶段的研究主要为鱼类繁殖与河流流量的关系[13]。进入 50 年代，河流生态学者开始把大型水生植物、无脊椎动物纳入研究范围，并与河流流量、流速等建立联系，研究范围逐渐扩大[14]。60—70 年代，更多的国家陆续开展了流域研究，包括孟加拉国、印度、埃及、澳大利亚、南非、法国和加拿大等国家，水生生物与河流流量的关系研究更加系统，同时对河流流量的计算与评价提出了新方法[13-15]。80 年代，河道流量计算方法更加完善，更多计算方法逐渐被提出，生态需水分配研究初现雏形[16]。直到进入 90 年代，由于生态问题的加重，生态需水研究开始成为全球关注的焦点问题之一，生态需水进入了较为全面的研究阶段[13]。1995 年，Gleick[17-18] 基于生态建设用水需求提出了基本生态需水量（basic ecological water requirement）的概念，并在其后的研究中开始将此概念与水资源配置相联系。90 年代以后，国外生态需水的研究取得了较大的进展。

### 1.3.2 国内研究

国内对生态需水的研究起步较晚，早期研究主要集中在水资源不足、生态环境脆弱的干旱、半干旱等区域。目前，国内生态需水的研究仍处于起步阶段，还没有形成成熟的区域生态需水量的理论体系，而且至今还未形成统一定义[9]。国内生态需水的研究比较粗放，研究深度较浅，仍停留在定性、宏观定量分析阶段[11]。

刘昌明等[19-20] 较早开展了生态需水的研究，提出了"四大平衡"，（水热平衡、水盐平衡、水生平衡、水量平衡）与生态需水之间的相关关系，探讨了"三生用水"（生活、生产、生态用水）之间的共享性。汤奇成[21] 于 20 世纪 90 年代对塔里木盆地水资源特征进行了研究，对地下水、地表水转换以及河川年际、年内变化进行了分析，而且首次提出"生态用水"的概念。1993 年，水利部组织编制的《江河流域规划环境影响评价规范》（SL 45—92）中，提及在水资源开发、规划过程中要保障生态环境用水以防止生态与环境恶化。汤奇成[22] 以新疆地区为研究背景，进行了生态环境用水的必要性及生态环境用水量的分析，为水资源的调配提供了依据。1999 年，在国务院支持下，中国工程院组织了 43 位两院院士和近 300 位专家，开展了"中国可持续发展水资源战略研究"，就我国水资源、生态环境用水进行了较为深入的研究[23]。2000 年以来，在水资源规划、配置工作中（如南水北调、引江济汉等工程），将生态需水作为供需平衡必须考虑的内容。生态需水已越来越受到人们的广泛关注与重视，并逐渐成为水资源学科的研究热点。刘洁等[24] 从生态环境概念出发，以西北地区典型流域为研究基础，进行了生态需水与水量供需平衡分析。王芳等[25] 基于遥感和地理信息系统技术，以生态分区和流域水平衡为基础量化生态需水，并对生态需水进行了预测。刘静玲[26] 基于中国北方干旱和半干旱地区湖泊面临不断干枯、萎缩和水质污染严重的局面，针对水资源的不合理配置和使用的情况，利用多种生态需水计算方法对河湖生态需水进行了研究。李丽娟等[27] 针对水资源开发过程中出现的生态问题，以海滦河流域为例，对流域系统中的生态需水量进行了计算。石伟[28] 利用黄河下游历史实测资料，分汛期与非汛期进行了生态需水量的计算，估算了维持黄河下游输运功能的最经济用水量。刘凌等[29]以内陆河流为研究对象，从维持水生生物生存、维持自净等角度出发，分析计算了河流生态系统的生态需水量。

近年来，在南水北调水资源配置、水利与国民经济协调发展工作以及新的全国水资源规划中，都将生态需水作为供需平衡必须考虑的内容，生态需水研究受到人们的广泛关注与重视，并逐渐成为水资源研究的热点。

# 1.4　研究内容

从上述内容可以看出，水资源合理配置过程中考虑生态需水是满足社会与生态环境可持续发展的必然要求，且我国关于生态需水的研究已经不再局限于早期的干旱、半干旱区域，人们开始认识到虽然南方水资源相对丰富，但时空分布不均、洪涝频发等特点不利于水资源的利用与配置。本书在前人的研究基础上，对汉北河生态需水进行研究，主要研究内容如下：

（1）了解汉北河水生态环境现状，广泛收集、整理国内外关于生态需水的相关文献资料，了解该领域的发展动态，找出汉北河存在的问题。

（2）针对汉北河实际情况，并考虑到方法的可操作性及实用性，选定流速法开展汉北河的生态需水计算，对汉北河生态需水合理值进行计算。

（3）基于四大家鱼的生活习性及其对河流地形的要求，选择合适河流断面，筛选汉北河多年平均径流量的典型年，采用 IHA（indicators of hydrologic alteration，水文变化指标）软件计算环境流量组分，确定以鱼类为保护目标的生态流量组合。基于 DTVGM、MIKE 软件对汉北河进行河流水量、水动力模拟，根据水位、流量的模拟结果与河流断面情况分析鱼类不同生长期对生态流量的需求，确定不同生长期的生态流量及河流断面对流量的满足程度。

（4）基于流速法原理，提出生态需水的最小值方案、平均值方案及最大值方案，并分别划分最小、适宜两个等级；根据流域实际情况选择合适方案，计算汉北河生态需水，最终进行生态需水结果合理性分析。在合理性分析基础上，综合生态流量组合结果与流速法生态需水计算结果，确定汉北河最终生态需水量。

（5）基于生径比概念，对汉北河多断面的年生径比、月生径比以及汛期与非汛期生径比进行计算，并对结果开展评价，为保障河流生态健康提供依据。

# 1.5　技术路线

本书采取理论分析、野外数据采集、历史水文数据分析相结合的方法开展研究，以理论分析和数值模拟为手段，侧重规律性的探讨和理论上的提高。

利用汉北河及流域内水文站点历史水文数据、气象数据以及河流生态数据等，基于天门水文站、汉北河民乐闸水位站的水文数据对汉北河进行断面流量、水位模拟与分析；选择合适的断面，根据汉北河的实际情况以及各计算方法的优缺点及实用性，选择流速法对汉北河生态需水量进行计算，并进行生态需水量合理性分析。技术路线见图 1.1。

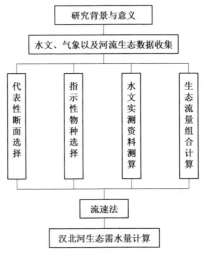

图 1.1　技术路线图

# 第2章 研 究 流 域 概 况

## 2.1 流域概况

### 2.1.1 自然地理概况

汉北河为汉江下游北岸一级支流,河源出自大洪山山脉东南麓京山市孙桥镇朱家冲,穿过石门水库,南流至天门市渔薪镇杨场转向东流,于天门市万家台进入人工河道,沿程左岸(北岸)纳入涢水、大富水等支流,干流于汉川市新河镇新沟闸注入汉江。汉北河流经荆门市的京山市、屈家岭区、钟祥市,天门市,孝感市的汉川市、应城市、云梦县、孝南区。

汉北河干流长 237.6km,流域面积 6299km²。境内地势西北高、东南低,海拔 16~600m,最高峰为北部的黄狗山,海拔 1049m;最低为干流下游出口河段河床,海拔 16m。

汉北河干流石门水库以上为上游,河道长 42km,属山区型河流,流域面积 271.25km²。石门水库至天门市万家台为中游,河道长 103km,为山区型向平原型河流过渡段,沿河两岸间断筑有堤防,流域面积 2031.75km²。万家台至新沟闸下河口为下游(属人工河道),长 92.6km,流域面积 3996km²,属平原型河流,两岸均筑有堤防,出口建有流域性控制工程新沟闸,设计排水流量1500m³/s;另一出口支流沧河,河道长 14.34km,两岸均筑有堤防,出口建有控制工程东山头闸,设计排水流量 800m³/s。

流域内水系发育,湖泊众多。长度大于 5km 的支流有 156 条,其中 20km以上的支流 20 条。汉北河主要支流自上而下分布有季河、司马河、永漋河、北港河、南港河、毛桥河、西河、东河、涢水和大富水等,其中涢水、大富水是其最大的两条支流。

涢水源出京山市杨集乡彭家湾,自北向南先后穿过总长约 9km 的余家河中型水库和惠亭大型水库,东南流至天门市胡市镇水陆李入汉北河。涢水集水面积 798.6km²,干流长 91.8km,坡降 1.0‰,河流弯曲系数 1.6,河网密度0.4km/km²,流域平均海拔 123m。

大富水源出大洪山东南麓、随州市三里岗镇黄狗山,东南穿过长约 8km的高关大型水库,横穿京山市东北部,进入应城市境内,先曲折向东,后折向南，流至天鹅镇南垸汇入汉北河。大富水集水面积 1698km$^2$，干流长 168km，坡降 0.9‰，河流弯曲系数 1.7，河网密度 0.5km/km$^2$，流域平均海拔 176m。

因 20 世纪 80 年代以来的大量围垦，汉北河流域境内许多湖泊消亡，余下湖泊也大多萎缩严重。目前境内主要湖泊有西汉湖、北汉湖、张家大湖、渡桥湖、龙骨湖、沉底湖、庙洼汊、肖严湖、老观湖、龙赛湖、东西汉湖等大小 20 余座湖泊，总面积 61.9km$^2$。本书选取汉北河流域的万家台至新沟闸河段作为研究河段。

### 2.1.2 自然资源

汉北河濒临汉江，水土资源丰富，自然条件优越，农业生产十分发达，区内的天门市、京山市、应城市、汉川市四市均为湖北省的粮食主产区，是湖北省重要的粮棉油生产基地之一，区内有耕地 300 余万亩。

区内矿产资源丰富，探明可供开采的矿产资源有原盐、无水芒硝、石油、石灰石、石膏、硫黄等，其中原盐储量大、品位高，具有广泛的开发前景。该区地处亚热带北部，气候温暖湿润，既利于植物的滋生，又利于动物的繁殖。区内除农作物和家畜家禽外，野生动植物约有 1100 余种，其中动物 200 余种、植物 900 余种。其中无花果树、银杏（白果）树等为珍贵树种。

该区河网密布，具有得天独厚的水产养殖条件。特别是天门市境内沟港河汊交错，湖泊鱼池棋布，水产养殖开发潜力巨大。天门市有鱼类 64 种，其中以鲤科鱼类为主，鳅科次之，有不少重要经济鱼类，如青鱼、草鱼、鲢鱼、鲤鱼、鲫鱼、黄鳝鱼、鳜鱼、长江银鱼、红鮡、河豚等；软体动物 15 种，其中产于天门河的橄榄蛏蚌（俗名义河蚌）为名贵水产品，享誉全国，三角帆蚌和褶纹冠蚌，分布在张家湖等湖泊，是培育珍珠的优良母体品种。

区内的京山市素有"鄂中绿宝石"之美誉，是国家大洪山风景名胜区的一部分，境内自然美景和人文景观丰富多彩，尤以"鄂中第一溶洞"——空山洞和名扬天下的绿林起义策源地绿林景区最为游人景仰。天门市石家河文化遗址，距今已有 7000 多年历史，具有极高的历史文化和艺术鉴赏价值，国家文物主管部门认定其为中国南方最大的新石器时代村落遗址。融山、水、洞、林、泉于一体，与长江三峡、荆州古城、张家界构成旅游金三角。

### 2.1.3 社会经济概况

汉北河流域范围涉及荆门市的钟祥市、京山市部分、屈家岭管理区全境，天门市全境，孝感市的汉川市、应城市、云梦县、孝南区部分，国土面积 8655km$^2$。据统计，2021 年汉北河流域总人口 331.48 万人，其中城镇人口 152.38 万人。区内耕地面积 380.6 万亩，其中天门市、汉川市、京山市、应城市四市均为湖北省的粮食主产区,是湖北省重要的粮棉油生产基地之一。

据统计,2021年汉北河流域地区生产总值达1715.32亿元,其中第一产业产值327.10亿元,第二产业产值948.45亿元,第三产业产值439.77亿元。

汉北河区内水路交通较为发达,有300余km的汉江水道紧靠南部,可直通长江,与武汉、上海、南京、重庆相连;内河航运通航里程达500余km;区内有汉宜公路、荷沙公路贯穿东西,李毛公路沟通南北,107国道、318国道、宜黄高速公路及汉丹铁路穿境而过,随岳高速公路、武荆高速公路、长荆铁路、汉渝铁路、汉宜高速铁路穿境而过。较发达的交通,为区内工农业生产发展提供了有利条件。

### 2.1.4 自然灾害

#### 2.1.4.1 洪涝灾害

新中国成立前,洪涝灾害是汉北平原湖区的主要大灾。新中国成立后,特别是1970年实施天门河改道工程——人工河汉北河以来,虽有效防止了洪灾,但渍涝灾害时有发生,影响着汉北平原湖区的国民经济建设和社会发展。

1949—1959年,汉北平原湖区主要是通过加固汉江堤防,阻止汉江洪水倒灌;建造了汉川、新沟闸等挡洪工程,内部整治疏通了排水系统。

1959—1968年,汉北平原湖区实施府河流域规划,上游修建了干支流控制性水库;1959年冬季,开始了府澴河下游改道工程,兴建了东山头排水闸,汉北平原湖区撤除府澴河卧龙潭以上洪水直接出长江,使本区减少来水面积12633km²,汈汊湖五房台水位也由改道前的平均水位27.39m降至25.57m。但由于每年汛期受汉江洪水顶托,汉北河洪水外排受阻,渍涝灾害仍十分严重。如1969年特大暴雨年,最高水位达27.82m,关闸不能外排历时达70天,农业生产受到了严重损失。

1969年冬季至1970年春季,以汉北河改道为主体工程的完工,彻底实现了河湖分家。改道河将天门河、溾水、大富水等三条中小河流山丘的汇流面积6299km²的洪水,直接经汉北河导入长江和汉江。虽然汉北河主体工程完成,但其配套工程未完成,在遇1983年、1991年、1996年、1998年、2007年、2008年各型洪水时,汉北平原湖区仍内渍严重,且汉北河沿程水位普遍超过设计水位,天门站水位均高出原设计水0.3m以上。

以1998年水灾为例。1998年1—9月降雨量1052～1586mm,比常年同期多400～600mm。4月10日,北部日降雨100mm左右,江河湖库水位上涨快,出现山洪和渍涝灾害,开始形成外洪内涝,上游水库首次溢洪,部分河段超过设防水位。6月底至8月中旬,先后发生了5次强降雨和特大洪水,7月22—23日汉北河流域普降大暴雨,以汉川为中心,降雨量近400mm;7月

28—31 日，流域普降特大暴雨，雨量 100mm 以上；8 月 7—8 日，汉北河、溾水、大富水上游再降特大暴雨，雨量达 150mm 左右。各河流水位均超历史，汉北河民乐闸连续三次出现超历史洪水，最高水位达 29.89m，超历史 0.63m。

8 月 8 日，汉北河民乐闸闸外水位 29.89m，内水位 24.18m，内外水位差 5.71m，超过闸门设计水位差 0.71m。在超设计工况下，闸门主受力桁架变形加大，漏水量加大，振动加剧，造成闸门两侧悬臂桁架突然变形失事，最大流量达 520m³/s。

4 月 11 日—10 月 10 日，防洪抗灾历时 6 个月，各河流长时间在设防水位以上运行，其中汉北河民乐站 75 天，警戒 71 天。

灾情涉及流域内各个县市区的 100 多个乡镇，受灾人口 200 余万人、农田 200 万亩以上，直接经济损失超过 20 亿元。

汉北河频发的洪涝灾害给沿线人民生产生活带来了严重影响，严重制约了工农业持续、稳定发展。

### 2.1.4.2 干旱灾害

根据各站气象资料统计，研究区多年平均年降水量 950～1200mm，降水年际变化大，年内分配不均，汛期 5—9 月降水量占全年的 70% 左右。多年平均气温 15.9～16.3℃，高温期一般为 5—9 月，年蒸发量 1300～1500mm。冬春季雨水少，夏秋伏旱频繁。一般少雨年份经常发生干旱，枯水年份经常造成严重甚至特大旱灾的发生。根据《湖北省抗旱规划实施方案》，汉北河流域内屈家岭、京山和钟祥属于中度干旱的高发地区，发生旱灾的时间主要是春夏秋三季，发生旱灾频率分别为 24.4%、18.7% 和 23.1%，其中连季干旱的频率分别达到了 26.5%、25.7% 和 30.9%。

近年来旱灾有加剧趋势。2008 年 11 月初—2009 年 2 月上旬，荆门市出现了严重的冬旱。从 2008 年 11 月 7 日—2009 年 1 月 4 日，持续 59 天未出现大于 0mm 的降水，为荆门站建站以来最长无降水时段。持续干旱天气影响了田间作物生长，并引发油菜、小麦病虫害等次生灾害。7 月上中旬及下旬前中期降水量异常偏少，导致部分地方出现严重旱灾。再如 2011 年 60 年一遇的大旱中，区内石门、石龙、吴岭等大中型水库灌区严重缺水，导致钟祥、京山南部及屈家岭近 80 万亩农田受旱，50 万人饮水困难，给当地经济社会发展造成了严重影响。

## 2.2 流域水文概况

### 2.2.1 气象

汉北河流域内各县市均设有气象站，主要有钟祥、京山、天门、应城、汉川、云梦和孝感等气象站，可作为各县市的设计代表站。主要观测气象要素有气压、气温、降雨、湿度、风向风速、地温、蒸发、日照等，各测站基本情况见表2.1。

表 2.1　　　　　　　　　　　研究区各气象站基本情况表

| 序号 | 站名 | 设立时间 | 资料系列 |
|------|------|----------|----------|
| 1 | 钟祥 | 1959 年 12 月 | 1960—2015 年 |
| 2 | 京山 | 1959 年 3 月 | 1960—2015 年 |
| 3 | 天门 | 1954 年 6 月 | 1955—2015 年 |
| 4 | 应城 | 1959 年 12 月 | 1960—2015 年 |
| 5 | 汉川 | 1959 年 12 月 | 1960—2015 年 |
| 6 | 云梦 | 1960 年 12 月 | 1961—2015 年 |
| 7 | 孝感 | 1956 年 9 月 | 1957—2015 年 |

根据各站气象资料统计，研究区多年平均年降水量950～1200mm，降水年际变化大，年内分配不均，汛期4—9月降水量占全年的67.7%～80.8%。多年平均气温15.9～16.3℃，高温期一般为5—9月，年蒸发量1300～1500mm。各气象站的气象特性见表2.2。

表 2.2　　　　　　　　　　　研究区各气象站气象特征统计

| 气象站 | 钟祥 | 京山 | 天门 | 应城 | 汉川 | 云梦 | 孝感 |
|--------|------|------|------|------|------|------|------|
| 多年平均年降水量/mm | 955 | 1060 | 1104 | 1094 | 1209 | 1075 | 1135 |
| 多年平均年蒸发量/mm | 1412 | 1492 | 1327 | 1394 | 1299 | 1508 | 1426 |
| 最大日降水量/mm | 251.2 | 296.4 | 259.3 | 213.1 | 312.2 | 421.1 | 229.1 |
| 相应日期 | 1977 年 7 月 18 日 | 2007 年 7 月 13 日 | 2004 年 7 月 18 日 | 1986 年 7 月 16 日 | 1991 年 7 月 9 日 | 1987 年 5 月 26 日 | 1991 年 7 月 3 日 |
| 多年平均气温/℃ | 15.6 | 16.1 | 16.3 | 15.9 | 16.1 | 15.9 | 16.1 |
| 极端最高气温/℃ | 39.7 | 40.9 | 39.7 | 38.4 | 38.4 | 38.6 | 39.4 |
| 相应日期 | 1961 年 6 月 22 日 | 2003 年 7 月 16 日 | 2003 年 8 月 2 日 | 2003 年 8 月 2 日 | 1971 年 7 月 21 日 | 1978 年 8 月 3 日 | 2009 年 7 月 18 日 |
| 极端最低气温/℃ | −15.3 | −17.3 | −15.1 | −15.5 | −14.3 | −14 | −13.7 |
| 相应日期 | 1977 年 1 月 30 日 | 1977 年 1 月 30 日 | 1977 年 1 月 30 日 | 1977 年 1 月 30 日 | 1977 年 1 月 30 日 | 1977 年 1 月 30 日 | 1984 年 1 月 22 日 |
| 多年平均相对湿度/% | 78 | 75 | 79 | 79 | 80 | 79 | 79 |
| 多年平均日照时数/h | 1673 | 1963 | 1911 | 1615 | 1955 | 1975 | 2060 |
| 多年平均风速/（m/s） | 3.1 | 1.9 | 2.3 | 2.8 | 2.4 | 2.9 | 2.4 |
| 历年最大风速/（m/s） | 18.7 | 16.0 | 17.0 | 21.0 | 20.0 | 22.7 | 22.0 |

| 气象站 | 钟祥 | 京山 | 天门 | 应城 | 汉川 | 云梦 | 孝感 |
|---|---|---|---|---|---|---|---|
| 相应风向 | NNW | WNW | WNW | WNW | N | NNE | ENE |
| 相应日期 | 1979年2月21日 | 1980年6月24日 | 1985年8月7日 | 1971年7月31日 | 1983年4月15日 | 1974年2月22日 | 1973年8月22日 |

### 2.2.2 水文站网及基本资料

**1. 雨量站网**

在广泛搜集、整理和复核水文气象资料的基础上，重点选择资料系列较长、可靠性高、代表性好的站点进行水文分析工作。

根据径流分析计算的需要，共选用雨量站29个，其中天门河上游片区选取了5个雨量站，溾水片区选取了4个雨量站，大富水片区选取了8个雨量站，天门引汉灌区片区选取了6个雨量站，汉川二站灌区片区选取了4个雨量站，以及孝感站和云梦站。站网分布较为均匀，能反映流域内的雨、水情变化情况，雨量站网基本情况详见表2.3、图2.1。收集的各站网均为国家基本站网，数据测验精度有保证，且每年的水文资料经整编、复审后，刊布使用。

表2.3　　　　　　　　　雨 量 站 网 一 览 表

| 序号 | 站名 | 设立年份 | 资料系列 | 分片区 |
|---|---|---|---|---|
| 1 | 官桥 | 1955 | 1961—2015年 | 溾水片区 |
| 2 | 新华 | 1960 | 1961—2015年 | |
| 3 | 惠亭山 | 1931 | 1961—2015年 | |
| 4 | 皂市 | 1951 | 1961—2015年 | |
| 5 | 六房咀 | 1967 | 1968—2015年 | 大富水片区 |
| 6 | 三阳店 | 1954 | 1963—2015年 | |
| 7 | 黄家畈 | 1966 | 1966—2015年 | |
| 8 | 石板河 | 1960 | 1961—2015年 | |
| 9 | 天王寺 | 1970 | 1971—2015年 | |
| 10 | 短港 | 1964 | 1964—2015年 | |
| 11 | 渔子河 | 1962 | 1963—2015年 | |
| 12 | 应城（二） | 1931 | 1961—2015年 | |
| 13 | 民乐闸 | 1970 | 1971—2015年 | 汉川二站灌区片区 |
| 14 | 汉川 | 1933 | 1961—2015年 | |
| 15 | 五房台 | 1963 | 1964—2015年 | |
| 16 | 龙赛湖 | 1973 | 1973—2015年 | |

续表

| 序号 | 站名 | 设立年份 | 资料系列 | 分片区 |
|------|------|----------|----------|--------|
| 17 | 刘家石门 | 1954 | 1961—2015 年 | |
| 18 | 罗家集 | 1970 | 1971—2015 年 | |
| 19 | 石龙过江 | 1954 | 1961—2015 年 | 天门河上游片区 |
| 20 | 杨家峰 | 1960 | 1961—2015 年 | |
| 21 | 钱场 | 1966 | 1966—2015 年 | |
| 22 | 夏家场 | 1959 | 1960—2007 年 | |
| 23 | 蒋场 | 1964 | 1964—2015 年 | |
| 24 | 天门 | 1964 | 1964—2015 年 | 天门引汉灌区片区 |
| 25 | 卢市 | 1970 | 1980—2015 年 | |
| 26 | 新堰 | 1976 | 1980—1994 年 | |
| 27 | 干驿 | 1968 | 1968—2007 年 | |
| 28 | 孝感 | 1934 | 1961—2015 年 | |
| 29 | 云梦 | 1931 | 1961—2015 年 | |

图 2.1　雨量站网分布示意图

2. 水文站网

汉北河干流上游有天门水文站，下游有汉北河民乐闸水位站。

（1）天门水文站。此站点位于汉北河干流，1950 年 12 月由长江水利委员会中游工程局设立，原名天门水文站，集水面积 2611km²，1957 年交湖北省水利厅管辖，1970 年 4 月因天门河改道，上迁 10km 至黄潭，观测至 1994 年，集水面积 2283km²，水位为吴淞高程。1995 年下迁至万家台以下 580m，更名为天门水文站，集水面积 2303km²。测验项目有水位、流量、降雨等，并观测至今。水位采用冻结吴淞高程系统，冻黄差为 2.094m。此站点受湖北省水文水资源局管辖。

（2）汉北河民乐闸水位站。此站点位于汉北河干流汉川市刘家隔镇民乐闸处，设立于 1970 年，集水面积 6190km²，控制了汉北河截流面积的 98％以上。水位采用冻结吴淞高程系统，冻黄差为 1.852m。由于受新沟闸运行影响较大，于 1987 年改为水位站。此站点受湖北省水文水资源局管辖。

汉北河各水文站情况见表 2.4、图 2.2。

表 2.4 汉北河水文站一览表

| 站　名 | 观测断面 | 集水面积/km² | 观测项目 | 建站年份 | 资料系列 |
|---|---|---|---|---|---|
| 天门水文站 | 天门城关 | 2303 | 水位、流量 | 1950 | 1956—2015 年 |
| 汉北河民乐闸水位站 | 民乐闸 | 6190 | 水位 | 1970 | 1971—2015 年 |

注　汉北河流域各测站水位黄海基面－0.029m＝1985 国家高程基准。

# 2.3　流域治理开发及保护现状

## 2.3.1　流域治理现状

汉北河改道工程的实施从 1969 年冬季—1970 年春季，历时 4 个月，主要实施了堤防填筑、河槽开挖、大型涵闸以及排涝泵站等工程，由于时间短、资金不足且工程浩大，河道挖槽、清障、平滩、排水工程的配套未按规划设计要求完成，防洪泄流能力没有达到设计标准。

从 20 世纪 70 年代天门河下游改道、开挖汉北河、实施等高截流工程以来，至 20 世纪 90 年代，汉北河已运行 20 余年，通过 1980 年、1983 年、1991 年三年暴雨洪水的检验，暴露了许多问题。从整体来看，工程效果大大低于原规划，防洪标准未达到 20 年一遇标准，影响了工程效益的发挥，故从 20 世纪 90 年代开始，湖北省多次对汉北河的防洪排涝、水利血防、航运等开展了研究并实施了治理工程。

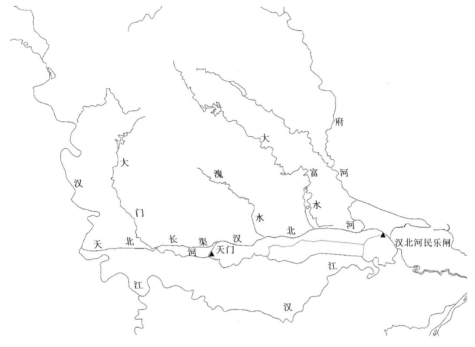

图 2.2  水文站分布示意图

  1991 年，湖北省水利水电规划勘测设计院编制完成了《湖北省汉北河湖区防洪排涝续建工程可行性研究报告》，可研建设内容分为两部分，其一是防洪工程，同年汉北河实施了沧河东山头闸扩建和沧河疏挖工程项目，使东山头闸的泄洪能力由以前的 360m³/s 提高到 800m³/s，进而提高了汉北河防洪能力；其二是于 1993 年新建了分水泵站，使汉北河南部汈汊湖流域排涝能力达到 10 年一遇标准。

  2003 年，按照国务院关于血防工作的总体部署，水利部组织长江水利委员会编制了《全国血吸虫病综合治理水利专项规划报告（2004—2008 年）》，汉北河流域综合整治工程被列入规划治理类重点项目。2005 年由孝感市水利勘测设计院编制了《湖北省汉北河流域（天门段）水利血防工程可行性研究报告（2005—2008 年）》、《湖北省汉北河流域（汉川、孝南段）水利血防工程可行性研究报告（2005—2008 年）》，受资金来源等因素制约，目前仅部分项目已实施。批复的防洪标准为 20 年一遇，主要建设内容为：天门段 72km 堤防加固达标，对 31 座涵闸更换了闸门、启闭机，以及对部分涵闸启闭室、消力池、挡土墙进行了拆除重建；孝感市堤防加固 85.71km，对 11 座涵闸进行了整险加固。

## 2.3.2 流域开发现状

汉北河干流及其支流上游所建的大、中型水库具有发电功能,此外干流石门水库以下另建有庙王、罗集、苗峰、拖市、杨场、潘渡等 6 座小型水电站,总装机容量 3835kW;支流南港河建有张角、习家口等 2 座水电站,总装机容量 710kW;支流西河建有 1 座水电站,装机容量 225kW。汉北河流域水能蕴藏量较小,目前水能开发基本上达到饱和。

## 2.3.3 流域保护现状

汉北河发源于自大洪山山脉东南麓、京山市孙桥镇朱家冲,其穿过石门水库,南流至天门市渔薪镇杨场转向东流,于天门市万家台折向北进入人工河道,东流沿程北岸(左岸)纳入漼水、大富水等支流,于汉川市新河镇新沟闸入汉江。根据《湖北省水环境功能区划》,汉北河流域共划分为 9 个一级水功能区,2 个二级水功能区。汉北河流域水功能区划见表2.5。

表 2.5 汉北河流域水功能区划

| 流域 | 一级水功能区划 | 二级水功能区划 | 起 止 段 说 明 |
|---|---|---|---|
| 漼水 | 漼水京山—天门保留区 | — | 起于京山市杨集镇,止于天门市胡市镇,长 91.8km |
| | 惠亭水库保留区 | — | 惠亭水库保留区:起于京山市孙桥镇吉家岗,止于京山市新华镇,长 8.6km |
| 大富水 | 大富水曾都—京山—应城保留区 | — | 起于曾都三里岗镇,止于应城天鹅镇,长 168km |
| | 高关水库保留区 | — | 水库水面面积 8km$^2$ |
| | 八字门水库保留区 | — | 八字门水库位于京山,水库集水面积 119km$^2$,水库水面面积 5.51km$^2$ |
| 汉北河 | 汉北河源头水保护区 | — | 起于河源,止于钟祥市长滩镇,长 23km,为第一个城镇以上河段 |
| | 汉北河长滩—黄潭保留区 | — | 起于钟祥市长滩镇,止于天门市黄潭镇,长 84km |
| | 汉北河天门开发利用区 | 雷家台饮用水源区 | 起于天门市黄潭镇,止于天门二桥,长 5.5km |
| | | 卢市农业用水区 | 自汉北桥上游200m,至卢市艾家台,长 13.5km |
| | 汉北河天门—汉川保留区 | — | 起于天门市卢市镇,止于武汉市新沟镇,长 112km |

# 2.4 流域水生态与水环境现状

## 2.4.1 水生态现状

1. 水生生物

（1）浮游植物：天门市段浮游植物量密度平均为 $4 \times 10^5 \sim 1.3 \times 10^8$ ind./L，主要种类有淡红金藻、长刺金球藻、飞燕角甲藻、草履素稳藻、绿黄丝藻等 10 余种。

（2）浮游动物：在测定水域中浮游动物量密度平均为 $0.18 \times 10^4 \sim 1.2 \times 10^4$ ind./L，主要种类有变形虫、盘形表壳虫、针赖甲壳虫、长刺秀体虫、长额象鼻蚤、哲水蚤、剑水蚤、猛水蚤等近 20 种。

（3）水生维管束植物：水生维管束植物种类较多，主要有菰、稗、荸荠、水浮莲、紫背浮萍、芜草、鸭舌草、凤眼莲、灯心草、喜旱莲子草、水芹、荇菜、满江红（又名红萍、绿萍）、苦草、菹草、马来眼子草、小茨藻、大茨藻等 26 种。

（4）底栖生物：主要有水生昆虫和寡毛类，优势种为水丝蚓、苏氏尾鳃蚓；此外还有鳖、龟、蟹、虾、贝类。

（5）鱼类：区域鱼类有 79 种，以鲤科鱼类为主，鳅科次之。主要种类有鲤、鲫、青、草、长春鳊、三角鲂、鲢、鳙、麦穗鱼、黑鳍鳈、铜鱼、赤眼鳟等。

2. 重要涉水敏感区

汉北河流域内分布的重要涉水生态敏感区主要包括水产种质资源保护区和重要湿地，见表 2.6。

表 2.6　　　　汉北河流域重要涉水敏感区域与保护对象一览表

| 序号 | 涉水敏感区名称 | 主要保护对象 | 级别 | 所在地 | 涉水范围 |
|---|---|---|---|---|---|
| 1 | 惠亭水库中华鳖水产种质资源保护区 | 中华鳖 | 国家级 | 京山市 | 惠亭水库 |
| 2 | 汉北河瓦氏黄颡鱼水产种质资源保护区 | 瓦氏黄颡鱼 | 国家级 | 孝感市 | 汉北河孝感段 |
| 3 | 龙赛湖细鳞鲴翘嘴鲌水产种质资源保护区 | 细鳞鲴、翘嘴鲌 | 国家级 | 应城市 | 龙赛湖 |
| 4 | 惠亭湖湿地公园 | 水库生态 | 国家级 | 京山市 | 惠亭水库 |
| 5 | 汈汊湖湿地公园 | 湿地生态 | 国家级 | 汉川市 | 汈汊湖 |
| 6 | 老观湖湿地公园 | 湿地生态 | 省级 | 应城市 | 老观湖 |

(1) 水产种质资源保护区。汉北河流域有国家级水产种质资源保护区 3 处，包括惠亭水库中华鳖水产种质资源保护区、汉北河瓦氏黄颡鱼水产种质资源保护区、龙赛湖细鳞鲴翘嘴鲌水产种质资源保护区。

1) 惠亭水库中华鳖国家级水产种质资源保护区，位于湖北省京山市惠亭水库，总面积是 2400hm²，其中核心面积 500hm²，实验区面积 1900hm²。核心区特别保护期为全年，主要保护对象为中华鳖及其栖息环境，以及这一区域内的其他水生生物资源与环境。

2) 汉北河瓦氏黄颡鱼国家级水产种质资源保护区，位于湖北孝感境内的汉川市，总面积 1920hm²，其中核心区面积为 1045hm²，实验区面积为 875hm²。核心区特别保护期为每年的 4 月 1 日—7 月 31 日，主要保护对象为瓦氏黄颡鱼。

3) 龙赛湖细鳞鲴翘嘴鲌国家级水产种质资源保护区，位于湖北省应城市，总面积 933.3hm²，其中核心区面积 280hm²，实验区面积 653.3hm²。核心区特别保护期为每年 4 月 1 日—8 月 31 日，主要保护对象是细鳞鲴、翘嘴鲌。

(2) 重要湿地。汉北河流域内分布的重要湿地主要为湿地公园，其中国家级湿地公园 2 个、省级湿地公园 1 个，包括惠亭湖、汈汊湖国家湿地公园，以及老观湖省级湿地公园。

### 2.4.2　水环境现状

汉北河水功能区划情况：

(1) 汉北河一级功能区划 4 个：①汉北河源头水保护区，水质管理目标Ⅲ类；②汉北河长滩—黄潭保留区，水质管理目标Ⅲ类；③汉北河天门开发利用区，为重要的城市河段；④汉北河天门—汉川保留区，水质管理目标Ⅲ类。

(2) 汉北河天门开发利用区（起于天门市黄潭镇，止于天门市卢市镇，长 19km）划定二级功能区划 2 个：①汉北河雷家台饮用水源区，水质管理目标Ⅱ类；②汉北河卢市农业用水区，水质管理目标Ⅲ类。

1) 汉北河雷家台饮用水源区自黄潭至天门二桥，长 5.5km。黄潭段有黄潭自来水厂取水口，雷家台至天门二桥分布有天门市自来水公司的两个取水口，年取水量在 1000 万 t 以上。根据天门市的城市建设和社会经济发展规划，将黄潭至天门二桥规划为饮用水源区，现状水质Ⅳ类，水质管理目标Ⅱ类，现状水质不能满足水功能区水质目标要求。

2) 汉北河卢市农业用水区自汉北桥上游 200m 至卢市镇艾家台，长 13.5km。在陆羽段建有耀新泵站，提汉北河水灌溉。汪家台以下至卢市建有汪湖闸、八一闸、道人桥闸、沙滩口闸、龙坑闸、官挡闸等闸站，可排渍及灌溉农田。现状水质为Ⅳ类，水质管理目标为Ⅲ类。现状水质不能满足水功能区水质目标要求。

综合来看，目前汉北河流域内治水新老问题相互交织，特别是水资源短缺、水生态损害、水环境污染等新问题愈加突出，水利安全生产压力越来越大。水已经成为严重短缺的产品、制约环境质量的主要因素、经济社会发展面临的严重安全问题。

本书从保护水生动物角度开展河流生态需水研究，以期研究成果应用于生产实践，加强水安全保障工作，切实提高水安全保障能力。

# 第 3 章　河流生态需水计算方法

## 3.1　流速法定义

流速法是吉利娜于 2006 年提出的水力学生态需水研究方法，即以流速作为反应生物栖息地指标，来确定河道内生态需水量，认为满足水生生物适宜的流速要求也就满足了水生生物对栖息地的要求[30]。

用流速作为水生物栖息地指标也是在影响水生生物的各因子之中的筛选结果。影响水生生物正常生存的几个指标如流速、水深、水温等，流速是一个相当关键的指标。例如，江河、湖泊半洄游性的鱼类需要在具有一定流速等生态条件的水域中繁殖；并且河道流速处在水生生物适宜的范围时，也能保证水量和水深处于良好的范围。其原理是根据断面关键指示性物种确定生态流速，再依据断面（$v$-$Q$）关系得到断面生态流量[31]。

$$Q = vA \tag{3.1}$$

式中：$Q$ 为河流断面径流量，$m^3/s$；$v$ 为河流流速，$m/s$；$A$ 为河流断面面积，$m^2$。

据式（3.1）可知，流速和流量为正相关关系，流量随着流速的增大而增大。所以从理论上来讲，适宜的流速就能保证流量处在较好范围。

## 3.2　流速法计算原则

（1）确定研究河段与水生态系统保护目标。选取研究河段后，对研究河段的河道地貌、水流条件、生物特征进行分析，确定研究河段内的水生态系统保护目标，保护目标可选择整个河流水生态系统，但在缺乏数据资料与实测调查的情况下，可选取指示性物种作为保护目标。单一保护目标可选择大部分河流都存在的常规保护目标，但建议选择该河段内具有代表性的指示性物种，即对生存条件要求较高、需要重点保护的对象，对应得到的生态流量组合更具有地域性。在确定水生态系统保护目标后，针对保护目标不同时期的生态需求，确定需要的环境流量组分。

（2）识别关键的环境流量组分。根据长系列的历史实测流量数据，分析水文情势，划分环境流量组分（环境流量组分一般情况下分为断流、极端低流

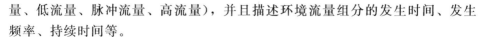
量、低流量、脉冲流量、高流量），并且描述环境流量组分的发生时间、发生频率、持续时间等。

（3）建立保护目标与流量组分之间的定性与定量关系。根据气候变化、生物生态习性、自然生长繁殖规律等，分析不同环境流量组分对保护目标在不同的生长繁殖时期内可能产生的影响，进而建立保护目标与流量之间的定性关系，一般用概念性模型表示。根据建立的概念性模型，通过调研与查阅相关文献，确定保护目标在生长繁殖各时期内适宜的生态习性要求，即确定保护目标的水力参数要求。

（4）推荐满足保护目标生态需求的生态流量组合。保护目标的水力参数要求包括流速、水深、湿周等，需要将不同的水力参数要求转换为生态流量要求，建立各水力参数与流量之间的连接关系。关系的建立可以根据实测的水位-流量关系曲线等进行确定，对于缺乏实测流量、水位资料的断面，可采用水力模型模拟该断面的水流情况，进而解释和辅助确定该断面的生态流量。

## 3.3 关键物种的选择

河道内基本生态需水是指为了维持大多数水生生物的正常生长发育、维持水生生态系统的基本动态平衡，在一定时间尺度内，河道范围内持续流动的水资源总量。河道水生态系统有多种生物，主要包括藻类、浮游植物、浮游动物、大型水生植物、底栖动物和鱼类等。将河道生态系统所有生物对生存空间的最小需求确定后，取其最大值即为河道生态系统中生物对生存空间的最小需求，表示为

$$\Omega_{emin} = \max(\Omega_{emin1}, \Omega_{emin2}, \cdots, \Omega_{emini}, \cdots, \Omega_{eminn}) \tag{3.2}$$

式中：$\Omega_{emin}$ 为河道生态系统中生物对生存空间的最小需求；$\Omega_{emini}$ 为第 $i$ 种生物所需最小生存空间；$n$ 为河道内生态系统生物种类。

一般情况下，鱼类是水生态系统中的顶级群落，是大多数情况下的渔获对象。而作为顶级群落，鱼类又对其他类群的存在和丰度有着重要影响，并对河流生态系统具有特殊作用，加之鱼类对生存空间最为敏感，鱼类种群的稳定是河流生态系统稳定的标志。因此，常选取鱼类作为关键物种和指示生物[32-34]。认为鱼类的生存空间得到满足，其他生物的最小生存空间也能得到满足。这样，式（3.2）可简化为

$$\Omega_{emin} = \Omega_{emin鱼} \tag{3.3}$$

式中：$\Omega_{emin鱼}$ 为鱼类所需的最小生存空间。

据统计，汉北河的主要鱼类包括鲤鱼、鲫鱼以及青鱼、草鱼、鲢鱼、鳙鱼四大家鱼，因此，本书以以上几种鱼类作为指示性关键物种，来确定最小及适

宜生态流速，以确定汉北河流域生态需水。

## 3.4　流速的确定

选取河道水生生态系统的关键物种，以及能反映关键物种生态需水的重要指标，就具备了流速法应用的基本前提。流速法以流速作为反映指示物种——鱼类栖息地的指标，来确定河道内生态环境需水量。首先，进行鱼类生活习性的调查，确定各种鱼类的喜欢流速范围。因为产卵是鱼类繁殖的关键，所以要结合鱼类产卵对流速的要求，确定一个适宜流速。然后，根据水文站实测流量资料，建立各站平均流速和流量关系曲线。最后，按照建立的流速和流量关系曲线查取适宜流速对应的流量，该流量即为河道内生态需水量。另外，为了保证该流速同时也为水生生物栖息地提供一定的水深，因此根据实测流量资料中的流量和平均水深数据，建立各站的流量-平均水深关系曲线，在该曲线上查找适宜流速估算的生态需水量对应的水深。

分析研究鱼类的趋流性，以感觉流速、喜爱流速和极限流速为指标。感觉流速是指鱼类对流速可能产生反应的最小流速值；喜爱流速是指鱼类所能适应的多种流速值中的最为适宜的流速范围；极限流速是指鱼类所能适应的最大流速值，又称为临界流速。各种鱼类的感觉流速大致是相同的，也可以认为鱼类对水流感觉的灵敏性大致是相同的。由于各种鱼类游动能力不同，它们之间的极限流速差别很大。基于文献［34］以及湖北省水利水电规划勘测设计院的调查资料，汉北河流域主要有鲤鱼、鲫鱼、青鱼、草鱼、鲢鱼、鳙鱼等鱼类。以上鱼类的喜爱流速与极限流速见表 3.1[34]。

表 3.1　　　　　　　　　汉北河鱼类的喜爱流速与极限流速

| 种类 | 产卵期/月 | 卵类型 | 感觉流速/(m/s) | 喜爱流速/(m/s) | 极限流速/(m/s) |
|---|---|---|---|---|---|
| 鲤鱼 | 2—5 | 黏性 | 0.2 | 0.3～0.8 | 1.1 |
| 鲫鱼 | 4—7 | 黏性 | 0.2 | 0.3～0.6 | 0.8 |
| 青鱼 | 5—7 | 漂流性 | 0.2 | 0.3～0.6 | 0.8 |
| 草鱼 | 5—7 | 漂流性 | 0.2 | 0.3～0.6 | 0.8 |
| 鲢鱼 | 5—7 | 漂流性 | 0.2 | 0.3～0.6 | 0.9 |
| 鳙鱼 | 5—7 | 漂流性 | 0.2 | 0.3～0.6 | 0.8 |

由表 3.1 可知，汉北河流域的鱼类产卵期大致为 2—7 月，各种鱼类的感觉流速为 0.2m/s，各种鱼类的喜欢流速范围为 0.3～0.8m/s。

研究发现[34-35]，由于当非产卵期流速为 0.1m/s 时，鱼类游动缓慢可在特定区域作小幅运动，故本书取 0.1m/s 为非产卵期最小生态流速，以感觉流速为产卵期最小生态流速。结合鱼类产卵对流速的要求确定适宜流速。据调查研究表明，产浮性卵的青鱼、草鱼、鲢鱼、鳙鱼四大家鱼，当其漂流性的鱼卵流速低于 0.3m/s 时开始下沉，流速低于 0.15m/s 时全部下沉，也就是说满足鱼类产卵要求的流速不应低于 0.3m/s。研究发现，为了刺激鱼类产卵，产卵期的流速偏大，一般为喜爱流速的上限；非产卵期流速一般为喜爱流速的下限，所以取喜爱流速的上限和下限分别作为产卵期和非产卵期的适宜生态流速[36]。

李修峰等[35] 对汉江中游江段四大家鱼产卵场的研究表明，四大家鱼产卵主要发生在水位上涨的过程中，产卵场地主要分布在水流平均流速大于 0.8m/s，且水流急、流态紊乱的河段。

综上所述，本书将鱼类适宜生态流速标准设定如下：

产卵期：为了刺激鱼类产卵，产卵期的流速偏大，一般为喜爱流速的上限，因而取各自喜爱流速的上限作为适宜生态流速。

非产卵期：一般情况下，鱼类在育幼期的喜爱流速偏中值，成长期的喜爱流速一般为喜爱流速的下限。但考虑到汉北河流域水资源情况，非产卵期均取各自喜爱流速的下限作为适宜生态流速，见表 3.2。

表 3.2　　　　　　　　　　　鱼 类 生 态 流 速

| 流速等级 | 产　卵　期 | 非产卵期 |
|---|---|---|
| 最小生态流速 | 感觉流速 | 0.1m/s |
| 适宜生态流速 | 喜爱流速上限 | 喜爱流速下限 |

在实际计算中，构建如表 3.3 所示的生态流速计算模型来计算各河段综合的生态流速。

表 3.3　　　　　　　　　　各月生态流速计算模型

| 方案 | 描　　述 | 公式 | 假　　设 | 备注 |
|---|---|---|---|---|
| 方案①：最小值方案 | 对所求断面各鱼类的各月生态流速取最小值，得各月鱼类生态流速 | $v_{ei} = \min(v_{ei,j})$ | 最小值是鱼类在不影响机体功能正常发挥而适应变化环境下的极限情况，满足各鱼类各月流速的最小值即满足生态系统基本需求 | $v_{ei}$ 为第 $i$ 月生态流速； |
| 方案②：平均值方案 | 对所求断面各鱼类的各月生态流速取平均值，得各月鱼类生态流速 | $v_{ei} = \dfrac{1}{n}\sum\limits_{j=1}^{n} v_{ei,j}$ | 平均值能反映生态系统（特别是鱼类适应需求）的整体情况及水平。平均值的高低，直接关联到鱼类正常情况下的正常需求，此时生态系统则表现出结构的最优化 | $v_{ei,j}$ 为第 $j$ 种鱼类，第 $i$ 月的生态流速；$i = 1 \sim 12$，$j = 1 \sim n$；$n$ 为该断面鱼的总类数 |
| 方案③：最大值方案 | 对所求断面各鱼类的各月生态流速取最大值，得各月鱼类生态流速 | $v_{ei} = \max(v_{ei,j})$ | 径流充足的河流能满足鱼类较高流速需求，也能满足生态系统正常功能运转 | |

综合最小和适宜生态流速及上述三种方案，得出生态需水等级，见表 3.4。由表 3.4 可知，最小生态需水和适宜生态需水都有三个值，三个等级。而最小生态需水的最大值会小于适宜生态需水的最小值。因此，可得到流速法 6 种生态需水等级。在实际应用中，根据流域实际情况选择合适的方案和相应生态需水等级，为生态流量计算提供方便，从而为水资源管理及生态调度提供一定依据。

表 3.4　　　　　　　　　生 态 需 水 等 级

| 等　　级 | | 方案①（小） | 方案②（中） | 方案③（大） |
|---|---|---|---|---|
| 最小生态需水 | 最小生态流速（小） | Ⅰ | Ⅱ | Ⅲ |
| 适宜生态需水 | 适宜生态流速（中） | Ⅳ | Ⅴ | Ⅵ |

# 第4章　河流生径比基本理论

在水资源评价与管理中，出现过众多有关河流生态需水方面的名词，例如生态基流量、生态最低水位、环境流量、生态环境需水量等。由于概念、内涵和服务目标各不相同、计算方法也不一致、计算结果风险大，在水资源规划、配置与管理实践中的应用难以达到预期结果。另外，目前对于河流生态需水满足程度的定义主要有三种：第一种被定义为年平均径流量与生态需水量的比值[37]，第二种被定义为天然最小流量与生态需水流量的比值[38]，第三种被定义为河流径流量大于生态需水量的历时占总历时的比值。这种概念的不确定性会给生态需水的估算及其评价与管理带来麻烦，张翔等[39]于2014年提出了表征生态环境需水动态性的生径比概念，本书基于生径比的概念对河流生态需水的满足程度进行评价。

## 4.1　生径比概念

生径比是指一定时空范围内生态系统为维持某一生态目标状态所需的生态需水量和其天然径流量之比[39]。生径比可反映生态需水量的动态变化特征以及其与天然径流之间的吻合情况，为水资源的合理调配提供依据。根据时间尺度的不同，生径比可分为年生径比、汛期与非汛期生径比、月生径比以及日生径比等。根据生态保护目标的不同，生径比又可分为最小生径比、适宜生径比及理想生径比。生径比计算公式[40]如下：

$$r_e = \frac{Q_e}{Q_{天然}} \tag{4.1}$$

式中：$r_e$ 为生径比；$Q_e$ 为生态需水量，$m^3/s$；$Q_{天然}$ 为天然径流量，$m^3/s$。

## 4.2　生径比标准的确定

（1）不考虑径流年际差异。Tennant 法因其方法可用于优先度不高的河流生态流量推荐值的研究，或作为其他方法的一种检验，本书以其作为基准，在不考虑径流年际差异情况下，确定基于 Tennant 法的生径比标准。

由生径比定义及式（4.1）得

$$r_{ei} = \frac{Q_{ei}}{\overline{q_i}} = \frac{Q_{ei}}{\overline{Q}} \frac{\overline{Q}}{\overline{q_i}} = r_{\text{Tennant}} \frac{\overline{Q}}{\overline{q_i}} \qquad (4.2)$$

将式（4.2）进一步转换，从而得式（4.3）：

$$r_{\text{Tennant}} = r_{ei} \frac{\overline{q_i}}{\overline{Q}} \qquad (4.3)$$

式中：$\overline{Q}$ 为多年平均天然流量，$\mathrm{m}^3/\mathrm{s}$；$\overline{q_i}$ 为第 $i$ 个月的多年月均天然径流量，$\mathrm{m}^3/\mathrm{s}$；$r_{ei}$ 为第 $i$ 个月的生径比；$Q_{ei}$ 为第 $i$ 个月的生态流量，$\mathrm{m}^3/\mathrm{s}$；$r_{\text{Tennant}}$ 为 Tennant 法所给的百分比，%。

根据表 4.1 及式（4.3）可知，要使 $r_{\text{Tennant}}$ 一定，在汛期与非汛期 $\dfrac{\overline{q_i}}{\overline{Q}}$ 变化情况下，$r_{ei}$ 也应相应变化。汛期因 $\dfrac{\overline{q_i}}{\overline{Q}}$ 比较大，则 $r_{ei}$ 相对较小即可维持一定栖息地质量。

表 4.1　　　　　　　　Tennant 法对栖息地质量的描述

| 流量值及相应栖息地的定性描述 | 推荐的基流占平均流量百分比/% | |
| --- | --- | --- |
| | 一般用水期（10 月至次年 3 月） | 鱼类产卵育幼期（4—9 月） |
| 最大 | 200 | 200 |
| 最佳范围 | 60～100 | 60～100 |
| 极好 | 40 | 60 |
| 非常好 | 30 | 50 |
| 好 | 20 | 40 |
| 中 | 10 | 30 |
| 差或最差 | 10 | 10 |
| 极差 | 0～10 | 0～10 |

本书为研究方便，令

$$a_i = \frac{\overline{q_i}}{\overline{Q}} \qquad (4.4)$$

则式（4.3）也可表示为

$$r_{ei} = r_{\text{Tennant}} \frac{1}{a_i} \qquad (4.5)$$

式中：$a_i$ 为第 $i$ 月的天然月径流分配系数；$r_{\text{Tennant}}$ 值参考 Tennant 法，见表 4.1。

汉北河流域的天然月径流分配系数见表 4.2。

表 4.2　　　　　　　　　　汉北河流域天然月径流分配系数表

| 月 份 | 1 | 2 | 3 | 4 | 5 | 6 | 7 | 8 | 9 | 10 | 11 | 12 |
|---|---|---|---|---|---|---|---|---|---|---|---|---|
| 天门水文站 | 0.35 | 0.43 | 0.54 | 0.93 | 1.28 | 1.51 | 2.09 | 1.40 | 1.21 | 1.07 | 0.70 | 0.44 |
| 汉北河民乐闸水位站 | 0.26 | 0.37 | 0.48 | 0.59 | 1.47 | 1.30 | 2.14 | 1.33 | 1.15 | 1.41 | 0.92 | 0.44 |

　　根据汉北河流域天然月径流分配系数及式（4.5），得出在不考虑径流年际差异情况下基于 Tennant 法的汉北河流域生径比标准，见图 4.1。

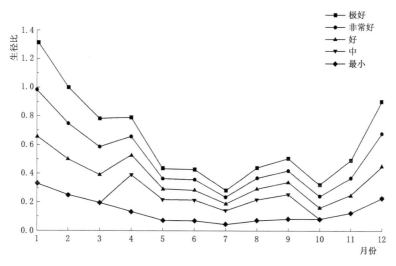

图 4.1　汉北河流域生径比标准曲线

　　由图 4.1 可知，非汛期（10 月至次年 3 月）生径比远大于汛期（4—9月）。对于生态系统，汛期径流大于非汛期，而生态需水虽说大于非汛期，但其增长幅度则远低于径流的增长幅度。

　　（2）考虑径流年际差异。为使生态流量更好地体现河流生物栖息地需水的年际间和年内变化，考虑径流年际差异，将长期径流系列资料划分为丰水年、平水年、枯水年和特枯年等不同年型，进一步将年内划分为汛期与非汛期分别计算其生态流量[41]。因为枯水年河道流量比丰水年少，在河道内生物变化不大、生态系统结果稳定情况下，枯水年生径比应比丰水年大才能使枯水年的生态流量尽可能满足河道生物生存的需要。因此，在计算各年型生态流量时，可利用平均径流量之间的比值关系，通过模型计算，确定各年型生径比。

　　1）典型年生径比。首先，采用传统计算方法确定某一年型的生径比，并对其进行验证；然后，按照各年型平均径流量之间的比值，推求彼此生径比的关系；最后根据已确定的某一年型的生径比计算出其他各年型的生径比，平均径流量大的年型生径比低，反之则高；年生径比的计算可参考文献［41］的基流比例法，见式（4.6）。

$$r_{i+1}=\left[1+\left(\frac{Q_i}{Q_{i+1}}-1\right)\mu\right]r_i=\alpha r_i \tag{4.6}$$

式中：$r_i$ 为已知断面第 $i$ 年型的年生径比；$i=1$、2、3、4，依次为丰水年、平水年、枯水年和特枯年，一般 $r_{i+1}>r_i$；$Q_i$ 为断面第 $i$ 年型的平均径流量，$\mathrm{m}^3/\mathrm{s}$；$Q_i>Q_{i+1}$，$\dfrac{Q_i}{Q_{i+1}}-1$ 为第 $i$ 年型径流量比第 $i+1$ 年型增加的比值；$\alpha$ 为比例倍数，即第 $i+1$ 年型与第 $i$ 年型生径比的比值；$\mu$ 为比例削减系数，$0\leqslant\mu\leqslant1$。$\mu=1$ 时表示比例不削减，生径比与径流量之间的比值为直接关系，各年型的生态流量一样；$\mu=0$ 时表示比例完全削减，生径比与径流量之间的比值没有关系，各年型的生径比一样。

比例削减系数根据文献 [41] 同样取 $\mu=0.40$，结果见表 4.3。

表 4.3　　　　　汉北河典型断面各年型平均流量与比例倍数

| 断面号 | 各年型平均流量/($\mathrm{m}^3/\mathrm{s}$) | | | | 比例倍数 $\alpha$ | | |
|---|---|---|---|---|---|---|---|
| | 丰水年 | 平水年 | 枯水年 | 特枯年 | $\alpha_{丰-平}$ | $\alpha_{平-枯}$ | $\alpha_{枯-特枯}$ |
| 25 | 42.50 | 27.40 | 20.60 | 16.80 | 1.22 | 1.13 | 1.09 |
| 71 | 71.50 | 54.32 | 44.82 | 42.11 | 1.13 | 1.08 | 1.03 |
| 平均值 | 57.00 | 40.86 | 32.71 | 29.46 | 1.16 | 1.10 | 1.04 |

根据 Tennant 法的推荐，为保证汉北河流域生态环境不因流量短缺而进一步恶化，应预留较为充足的生态用水作为最小和适宜生态流量；而同时适宜生态流量占其平均径流的 50%（即生径比为 0.5），基本可与国际公认的水资源开发利用率（适宜为 30%～40%、最大为 60%）相适应，因此在一定程度上将丰水适宜年生径比确定为 0.5 相对而言是可行的。考虑到汉北河流域实际情况，以及文献 [41] 及表 4.1 的内容取 Tennant 法的"中"等级和"极好"等级下的生径比作为丰水年生径比，即分别取 0.2 和 0.5，并根据式（4.2）得表 4.4。

表 4.4　　　　　　　各水平年标准年生径比

| 项目 | 丰水年 | $\alpha_{丰-平}$ | 平水年 | $\alpha_{平-枯}$ | 枯水年 | $\alpha_{枯-特枯}$ | 特枯年 |
|---|---|---|---|---|---|---|---|
| 比例倍数 $\alpha$ | | 1.16 | | 1.10 | | 1.04 | |
| 最小生径比 | 0.20 | | 0.23 | | 0.25 | | 0.27 |
| 适宜生径比 | 0.50 | | 0.58 | | 0.64 | | 0.66 |

2）汛期与非汛期生径比。在一年内，一般 5—10 月处于河道内生物生长高峰期，所需水量大，其中的丰水期一般为汛期，此时河道流量最大，所以相

应的生态流量也最大；而枯水期河道内生物一般处于生长停滞阶段，所需水量较小，此时河道流量最小，所以相应的生态流量也最小[42-43]。但是非汛期生径比应略大一点才能满足生物需水要求，而汛期径流较大，生径比较小即可满足生物需水要求，因此应考虑汛期与非汛期生径比的变化。

根据年生态需水计算可得

$$r_{i,1} Q_{i,1} t_1 + r_{i,2} Q_{i,2} t_2 = r_i Q_i t_总 \tag{4.7}$$

式中：$r_{i,1}$、$r_{i,2}$分别为第$i$年型汛期与非汛期生径比；$Q_{i,1}$、$Q_{i,2}$分别为第$i$年型汛期与非汛期平均流量，$\text{m}^3/\text{s}$；$t_1$、$t_2$分别为汛期与非汛期时间，月；$t_总$为12个月。

假设第$i$年型汛期与非汛期生态流量之比为$\beta$，即

$$\beta = \frac{r_{i,1} \times Q_{i,1} \times t_1}{r_{i,2} \times Q_{i,2} \times t_2} \tag{4.8}$$

则第$i$年型汛期生径比与非汛期生径比之比为

$$\frac{r_{i,1}}{r_{i,2}} = \beta \frac{Q_{i,2} \times t_2}{Q_{i,1} \times t_1} \tag{4.9}$$

联立式（4.7）和式（4.9）得

汛期生径比

$$r_{i,1} = \frac{\beta}{\beta+1} \times \frac{Q_i}{Q_{i,1}} \times \frac{t_总}{t_1} \times r_i \tag{4.10}$$

非汛期生径比

$$r_{i,2} = \frac{1}{\beta+1} \times \frac{Q_i}{Q_{i,2}} \times \frac{t_总}{t_2} \times r_i \tag{4.11}$$

令

$$r_{i,j} = \frac{Q_i}{Q_{i,j}} \tag{4.12}$$

$$c_j = \begin{cases} \dfrac{1}{\beta}, & j=1 \\ \beta, & j=2 \end{cases} \tag{4.13}$$

则可得

$$r_{i,j} = \frac{1}{1+c_j} \times \frac{t_总}{t_j} \times r_{i,j} \times r_i \tag{4.14}$$

又令

$$\theta_{i,j} = \frac{1}{1+c_j} \frac{t_总}{t_j} r_{i,j} \tag{4.15}$$

则式（4.14）可简化为

$$r_{i,j} = \theta_{i,j} r_i \tag{4.16}$$

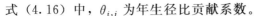

式（4.16）中，$\theta_{i,j}$ 为年生径比贡献系数。

由于非汛期径流偏少，鱼类等水生生物正常生存所需水量和流速等较不易得到满足，因而非汛期年生径比贡献系数一般大于 1，方可保证生物顺利度过枯水季节，维持生态系统健康，也即该值较易影响整体年生径比，对于年生径比的贡献相对较大。由于汛期径流较大，鱼类生物生存或多或少都能得到一定程度保障，即使汛期生径比小于年生径比也并不妨碍满足生态系统需水要求，因而汛期年生径比贡献系数一般小于 1。

考虑到生态系统实际情况，汛期往往是鱼类洄游产卵期，需要一定的脉冲流量及洪水来帮助鱼类洄游和产卵，汛期生态流量一般情况大于非汛期，$\beta$ 值一般情况下为大于 1 的变量。为了应用方便，本书参照 Tennant 法，得出 $\beta$ 值与生径比 $r$ 值的对应情况，见表 4.5。

表 4.5 基于 Tennant 法的 $\beta$ 值和生径比 $r$ 值对应情况

| 等级 | 差 | 中 | 好 | 非常好 | 极好 | 最佳 | 最大 |
|------|-----|-----|-----|--------|-------|---------|------|
| $\beta$ | 1 | 3 | 2 | 1.67 | 1.5 | 1 | 1 |
| $r$ | 0.1 | 0.2 | 0.3 | 0.4 | 0.5 | 0.6~1.0 | 2.0 |

由表 4.5 可知，$\beta$ 值在一般情况下大于 1，表示产卵期生态流量应大于一般用水期。但栖息地质量等级为最差和最大时 $\beta$ 值为 1，其是 Tennant 法以水生生物体特别是鱼类健康的临界点（最低流量限制点和最高流量限制点）为依据确定的，即满足生物极端情况下所需的生态流量，并没有考虑产卵期与非产卵期间鱼类阈值性差异，例如，漂流性鱼卵在产卵期流速低于 0.3m/s 时开始下沉，流速低于 0.15m/s 时全部下沉，而在一般用水期流速 0.1m/s 即可满足基本生存需求。严格上来讲，$\beta$ 值应是大于 1 的值。当然，生态需水的阈值性，也就决定了 $\beta$ 值的阈值性。$\beta$ 值基本上随着栖息地质量越高、物种多样性越丰富、径流季节差异性越小而逐渐趋向于 1。

上文已根据 Tennant 法选择最小年生径比、适宜年生径比分别为 0.2、0.5，在此基础上根据表 4.5 确定相对应的 $\beta$ 值，分别为 3 和 1.5。根据上述计算过程，对结果进行均值化处理得汉北河流域各水平年汛期和非汛期生径比，见表 4.6 和表 4.7。

表 4.6 天门水文站各水平年汛期与非汛期生径比

| 等级 | 时期 | 年生径比贡献系数 $\theta_{i,j}$ | | | | 生径比 $r_{i,j}$ | | | |
|------|------|------|------|------|------|------|------|------|------|
| | | 丰水年 | 平水年 | 枯水年 | 特枯年 | 丰水年 | 平水年 | 枯水年 | 特枯年 |
| 最小 | 汛期 | 0.4 | 0.5 | 0.75 | 1 | 0.08 | 0.1 | 0.15 | 0.2 |
| | 非汛期 | 0.6 | 0.9 | 1 | 1.15 | 0.12 | 0.18 | 0.2 | 0.23 |

续表

| 等级 | 时期 | 年生径比贡献系数 $\theta_{i,j}$ | | | | 生径比 $r_{i,j}$ | | | |
|---|---|---|---|---|---|---|---|---|---|
| | | 丰水年 | 平水年 | 枯水年 | 特枯年 | 丰水年 | 平水年 | 枯水年 | 特枯年 |
| 适宜 | 汛期 | 1.1 | 1.24 | 1.6 | 1.96 | 0.55 | 0.62 | 0.8 | 0.98 |
| | 非汛期 | 1.74 | 2.06 | 2.32 | 2.44 | 0.87 | 1.03 | 1.16 | 1.22 |

**表 4.7    汉北河民乐闸水位站各水平年汛期与非汛期生径比**

| 等级 | 时期 | 年生径比贡献系数 $\theta_{i,j}$ | | | | 生径比 $r_{i,j}$ | | | |
|---|---|---|---|---|---|---|---|---|---|
| | | 丰水年 | 平水年 | 枯水年 | 特枯年 | 丰水年 | 平水年 | 枯水年 | 特枯年 |
| 最小 | 汛期 | 0.5 | 0.6 | 0.9 | 1.15 | 0.1 | 0.12 | 0.18 | 0.23 |
| | 非汛期 | 0.7 | 0.95 | 1.2 | 1.6 | 0.14 | 0.19 | 0.24 | 0.32 |
| 适宜 | 汛期 | 1.4 | 1.64 | 1.96 | 2.12 | 0.7 | 0.82 | 0.98 | 1.06 |
| | 非汛期 | 2.06 | 2.32 | 2.44 | 2.8 | 1.03 | 1.16 | 1.22 | 1.4 |

以上对汉北河的生径比进行了分析计算,确定了生径比比值标准,利用此标准将在后续章节中对汉北河不同断面生径比进行评价,详见第 7 章。

# 第5章 流速法生态流量组合计算

## 5.1 保护鱼类概况

四大家鱼（青鱼、草鱼、鲢鱼、鳙鱼）是中国特有的江湖洄游性鱼类和重要的经济鱼类。湖北省地处长江中下游，有"千湖之省"之称，是我国四大家鱼鱼苗的原产地。长江中下游宜昌至城陵矶的江段内就有 11 处四大家鱼产卵场，产卵量占整个长江干流的 42.7%；全国布局的 4 个国家级四大家鱼原良种场湖北省就占了 2 个（石首老河国家级四大家鱼原良种场和监利老江河国家级四大家鱼种质资源库）。近年来由于自然和人为因素的影响，以具有代表性的长江为例，鱼类资源衰退严重，与 20 世纪 50 年代相比，长江中下游江湖洄游性鱼类减少了 40.6%[44-45]。为保持河流生态合理性、完整性，在研究河流生态需水时，需将对生物因素的影响考虑在内，这对于恢复四大家鱼资源量和栖息环境至关重要。

1. 四大家鱼生活习性

四大家鱼（青鱼、草鱼、鲢鱼、鳙鱼）是典型的产漂流性卵鱼类。春末夏初，除了需要特定的水温条件外，还要在有河水水位涨落等刺激下，才能促使四大家鱼排卵，其产出的卵吸水膨胀后的比重略大于水，需要一定的水流外力作用才能使其悬浮于水中，顺水漂流而孵化。孵化出的早期仔鱼在干流中仍然要顺水漂流，直至发育成具有较强游泳能力的幼鱼后才能到通江湖泊中肥育，从卵产出到仔鱼具备溯游能力，期间需要顺水漂流较长距离。在秋末冬初水位下降时，成鱼开始从较浅的湖泊游到江河干流的河床深处进行越冬洄游，当湖泊中存在深水区（深洼或潭坑）时，也可在这些场所越冬。在繁殖季节，湖泊以及江河下游的亲鱼又洄游到干流的产卵场进行繁殖。因此，四大家鱼具有洄游的习性，也称半洄游性（即江湖洄游和河口干流洄游）鱼类[45]。

2. 影响四大家鱼繁殖的因素

（1）水力特性对四大家鱼的影响。四大家鱼的卵具有漂流性，且产后的卵吸水膨胀后的比重略大于水，在水流流速较低或静水处易下沉，导致鱼卵死亡，所以需要一定的水流流速使之悬浮于水中顺水漂流孵化。研究表明家鱼产卵时的流速范围一般为 0.33~1.50m/s，鱼卵在水中安全漂流的下限流速为 0.25m/s，且需要有足够的漂程和漂流时间，才能保证产卵场持续存在。此外，四大家鱼性腺的发育需要足够的溶氧，流速大的地方较流速小的地方水流的掺气效果好，水中溶氧也相对较高，但流速过大也会影响鱼类的游泳能力。流速相同的区域流速梯度不一定相同，流速梯度反映水流的复杂程度，且有利于营养物质的掺混，四大家鱼通常选择流态复杂、流速梯度较大的河段产卵，但流速梯度过大，会形成较大的剪切应力，会对鱼类造成严重的伤害，甚至死亡。能量坡降、能量损失、动能梯度和弗劳德数在微观尺度上能对水流流态进行定量描述，可以准确地分析产卵场的水流特性，且四大家鱼的产卵环境多为能量坡降变化和能量损失较大，动能梯度和弗劳德数较小的河段[45]。

（2）水文特性对四大家鱼的影响。四大家鱼的产卵繁殖与涨水、水温等水文特性有关，涨水会伴随着水位升高、流量增大和水体透明度减小等情况而变化。家鱼产卵绝大多数发生在涨水期间，在涨水后大约 0.5～2d 开始产卵，涨水是由于流量增大导致的结果，流量增大的同时也伴随着水流流速增大，流速增大的过程会刺激亲鱼产卵。但并不是所有产卵行为都发生在涨水中，家鱼产卵前需要足够的涨水刺激时间，刺激时间与流速有关，流速越大，需要的时间越短，反之时间越长；当水位下降，流速减小时，产卵活动大都停止。研究表明，四大家鱼的产卵规模与涨水持续时间成显著正相关，即涨水持续时间越长，产卵量越大。

水温是影响家鱼繁殖的重要因子，适合家鱼产卵的水温为 18～24℃，且当水温低于 18℃ 时，产卵停止，所以可以把 18℃ 作为家鱼产卵的下限温度。此外，四大家鱼胚胎发育存活的水温为 18～30℃，适宜温度为 22～28℃，当温度低于 18℃ 或高于 30℃ 时，会导致胚胎发育停滞或产生畸形而死亡。

本书将四大家鱼在年内的重要研究时期划分为四个阶段：

1）上溯期。四大家鱼在 3—4 月，开始生殖洄游，在溯游过程中完成发育，在溯游的行程中如遇到适宜于产卵的水文条件刺激时，即行产卵。在四大家鱼溯游期内，需要有一定的低流量保持河流的连通性，且流量不宜长期大于四大家鱼的极限克流游速。

2）产卵繁殖期。根据对四大家鱼的生理周期的研究，四大家鱼的产卵期为每年的 5—7 月，产卵期内，需要一定的脉冲流量或高流量的涨水过程刺激其产卵。

3）幼鱼索饵期。在 8—10 月，最好能出现一次平滩流或漫滩流，提高河流连通性，且能够从浅滩中冲刷有机质，为幼鱼提供广阔的索饵场。

4）越冬期。11 月及整个冬季（12 月至次年 2 月）四大家鱼栖息在河流深潭中，处于不太活动状态，因此在越冬期，需要一定的低流量淹没河底深潭。

## 5.2　四大家鱼水力需求

根据四大家鱼在年内不同时期的生态需求，参考多个研究机构对四大家鱼不同生长期的研究成果，确定四大家鱼不同时期的生态需求对应的水力要求，见表 5.1。

表 5.1　　　　　　四大家鱼不同时期的生态需求对应的水力要求

| 时期 | 水力要求 | 水力要求表达式 | 数据说明 |
|---|---|---|---|
| 上溯洄游期<br>（3—4 月） | 感应克流游速：<br>$v_{s1}$：0.2m/s；<br>喜欢克流游速：<br>$v_{s2}$：0.3～0.8m/s；<br>极限克流游速<br>$v_{s3}$：1.1m/s | $v_{s1} \leqslant 1.1\text{m/s}$ | 韩林峰、赵长森分别对淮河流域、长江中下游流域四大家鱼进行了调查研究，确定四大家鱼的游速[34,46] |
| 产卵繁殖期<br>（5—7 月） | 流速：<br>$v_c$：为 0.7～1.2m/s；<br>浅滩水深：<br>$h_c > 0.7\text{m}$；<br>浅滩水深最佳持续时间：<br>$t_c > 7\text{d}$ | $v_c \geqslant 0.7\text{m/s}$<br>$h_c \geqslant 0.7\text{m}$ 且<br>$t_c \geqslant 7\text{d}$ | 长江水产所研究四大家鱼产卵繁殖最适宜的流速[47-48] |
| 幼鱼索饵期<br>（8—10 月） | 期间至少发生一次平滩流或者漫滩流 | | 张远等对鱼类繁殖期进行研究，发现在幼鱼阶段，应该发生一次平滩流或者漫滩流[49] |
| 越冬期<br>（11 月至次年 2 月） | 河流水深：<br>$h > 10\text{m}$ 为最优 | $h \geqslant 10\text{m}$ | 何学福等对鱼类越冬场研究发现，较好的越冬场水深都在 10m 以上。10m 左右的越冬场深水区水温较表层高而恒定，即使有变化其幅度也不会太大[50] |

## 5.3　四大家鱼生态流量需求

### 5.3.1　典型断面选取

本书选取天门市万家台至汉川市新沟闸之间的汉北河河段为研究对象，全长约 92.8km。基于湖北省水利水电规划勘测设计院对汉北河地形资料的勘测，分别以天门水文站断面与汉北河民乐闸断面为起始与终止断面，共测量 80 多个断面地形，具体位置见图 5.1。四大家鱼断面选取标准：①上溯洄游期，选择若干断面形态差异较大的断面，进行一维水动力学模拟后，选择其中流量条件最难满足的断面作为标准。②产卵繁殖期，四大家鱼喜好在河道弯曲处产卵，因此将断面选择范围确定在断面 8 至断面 12 之间、断面 24 至断面 27 之间、断面 32 至断面 36 之间、断面 39 至断面 43 之间、断面 70 至断面 73 之间，同时断面 20 以后的河道断面较宽，可形成河漫滩。四大家鱼幼鱼生长需要淹没浅滩，考虑选取处在断面 20 之后的断面，因此选择断面 25、断面 34、断面 41、断面 71 作为四大家鱼产卵繁殖期的最佳栖息地，基于断面距离以及断面同质化的考虑，选择断面 25、断面 71 作为四大家鱼繁殖期的最佳栖息地。同时，上文提及的四大家鱼在幼鱼繁殖期内最好产生一次平滩流或者漫滩流，因此以断面 71 为主。③越冬期，因为四大家鱼具有洄游习性，故越冬期断面选择产卵繁殖期断面后的断面。四大家鱼喜欢在河流深处越冬，因此尽量选择河道较深的断面。断面 84 的位置在整个范围内相对靠后，最低河底高程为 15m，满足大于 10m 的要求。

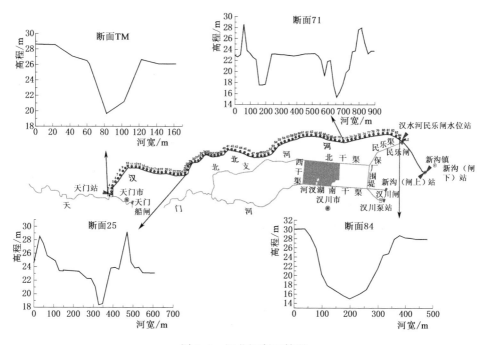

图 5.1　汉北河断面情况

## 5.3.2　突变检验与环境流量成分分析

### 5.3.2.1　天门断面水文突变检验

#### 1. 突变检验方法

本书采用滑动秩和检验方法对天门水文站 1956—2016 年的径流量进行突变检验。秩和检验法，也称 Mann-Whitney U 检验法，是非参数统计方法，它不依赖于总体分布类型，不以推断总体参数为目的，而旨在检验两种或两种以上的观察变量的分布有无显著差异。滑动秩和检验法计算步骤如下：

第一步，考察点前后两序列总体的分布函数分别 $F_{pre}(x)$ 和 $F_{post}(x)$。从总体 $F_{pre}(x)$ 和 $F_{post}(x)$ 中分别抽取容量为 $n_{pre}$ 和 $n_{post}$ 的 2 个样本，要求检验原假设 $F_{pre}(x)=F_{post}(x)$。

第二步，编秩，将两组数据分别由小到大排列，再将两组数据由小到大统一编秩。如有原始数据相同时，可按相同数据全在同组内不用求平均秩次，不同组间有相同数据需求平均秩次的原则处理。

第三步，求秩和并确定检验统计量。当两样本容量不同时，以容量小者容量为 $n_1$，容量大者容量为 $n_2$，小容量样本的秩和为统计检验量 $T_1$，大容量样本的秩和为统计检验量 $T_2$。若两样本容量相同，则 $n_1 = n_2$，任取一组的秩和检验统计量为 $T_1$，另一组为 $T_2$。

第四步，计算和作出推断结论。统计量 $U$ 值计算公式如下[51]：

$$U=n_1 n_2+\frac{n_1(n_1+1)}{2}-T_1 \tag{5.1}$$

或

$$U=n_1 n_2+\frac{n_2(n_2+1)}{2}-T_2 \tag{5.2}$$

式中：$U$ 为统计量；$n_1$ 为较小容量样本容量；$n_2$ 为较大容量样本容量；$T_1$ 为小容量样本的秩和；$T_2$ 为大容量样本的秩和。

如果 $n_2<8$，则分别用式 (5.1) 和式 (5.2) 计算，取较小值作为 $U$ 值。然后查阅 Mann-Whitney U 检验中 $U$ 的相伴概率表得相伴概率 $p$。

如果 $n_2\geqslant8$，无法查阅相伴概率表，可把正态近似用于 $U$ 的抽样分布来检验，即

$$z=\frac{U-\dfrac{n_1 n_2}{2}}{\sqrt{\dfrac{n_1 n_2(n_1+n_2+1)}{12}}} \tag{5.3}$$

式中：$z$ 为统计检验量；其他参数意义同前。

当有相同秩次较多时（如个数占总例数的 $25\%$ 以上时），需求校正值，即

$$z_c=\frac{z}{\sqrt{1-\dfrac{\sum(t_j^3-t_j)}{(n_1+n_2)^3-(n_1+n_2)}}} \tag{5.4}$$

式中：$z_c$ 为统计检验量；$t_j$ 表示序列中出现 $j$ 次的数据个数；其他参数意义同前。

这时用式 (5.3) 或式 (5.4) 计算 $U$ 值对 $z$ 的绝对值没有影响。

滑动秩和检验法利用秩和检验法对序列逐点进行检验，找出伴随概率 $p \leqslant a$ 或满足 $|z| > Z_{a/2}$ 的所有可能变异点，选择 $p$ 最小或 $z$ 计算值达到最大值的点，作为所求的水文变异点。

（1）采用滑动秩和检验法对序列进行逐点检验，找出所有满足 $|U| \geqslant U_{0.05/2}$ 的变异点。在所有变异点中，选取使 $U$ 统计量最大的点作为首个变异点 $\tau_0$。秩和检验的基本思路是：假设首个突变点为 $\tau_0$，以 $\tau_0$ 为分割点将序列 $x(t)(t=1,\cdots,n)$ 分成 $n_1$ 与 $n_2$ 两个样本，个数较小者为 $n_1$。将两个样本的数据从大到小进行排序并编号，每个数据在序列中对应的序号数即为该数据的秩，若数值大小相同，则其秩即为平均值。分别对 $\tau_0$ 前后的序列进行滑动秩和检验，构造秩统计量 $U$，当 $|U| \geqslant U_{0.05/2}$，则变异点显著，具体计算公式如下：

$$U = \frac{W - \dfrac{n_1(n_1+n_2+1)}{2}}{\sqrt{\dfrac{n_1 n_2(n_1+n_2)}{12}}} \qquad (5.5)$$

式中：$W$ 为 $n_1$ 各数值的秩之和。

（2）分别对 $\tau_0$ 前后的序列进行滑动秩和检验，若各序列内均未出现变异点，则认为已经找出所有可能存在的水文变异点，确定序列分段；若发现序列内还存在其他变异点 $\tau_1$，则进行步骤（3）。

（3）以新出现的变异点 $\tau_1$ 与原来的变异点 $\tau_0$ 为分割，将每相邻的两段序列合并成一个，再进行滑动秩和检验。若 $\tau_1$ 没有变动，则返回步骤（2）；反之，则根据变动后的变异点 $\tau_2$，再次进行步骤（3），最终找出序列内可能的所有变异点。最后，根据实际情况进行分析，确定需要保留的变异点。

2. 突变检验结果

本书分别对天门水文站 1956—2016 年的年平均径流系列与 5—7 月（产卵繁殖期）平均径流量进行突变检验，结果显示：天门水文站年平均径流量系列未出现变异点，即没有发生突变现象；对天门水文站 5—7 月平均径流量进行突变检验，结果显示：5 月、6 月未出现变异点，仅 2016 年 7 月出现了变异情况。因此，1956—2015 年，天门水文站径流量无显著变异。

### 5.3.2.2 流量系列环境流量组分分析

环境流量组成的五个流量事件形成见表 5.2。环境流量指数（Environmental Flow Components，EFC）的各个流量事件形式均涉及不同的生态影响，河流生物体的生命与这些事件的发生时间、频率、量、持续时间及它们之间的变化率紧密相关[52]。

表 5.2                              环　境　流　量　组　分

| EFC 指标 | 水 文 参 数 |
| --- | --- |
| 枯水流量 | 年内各月份枯水流量的平均值或中值 |
| 特枯流量 | 年内特枯流量的峰值、历时、发生时间及频率 |
| 高脉冲流量 | 年内高脉冲流量的峰值、历时、发生时间、频率、上升率及下降率 |
| 小洪水 | 小洪水的峰值流量、历时、发生时间、频率、上升率及下降率 |
| 大洪水 | 大洪水的峰值流量、历时、发生时间、频率、上升率及下降率 |

　　Richter[53] 提出一套分类算法来界定表 5.2 中的 5 类流量时间，具体情况见表 5.3。算法首先将流量序列对应的各日按相关阈值划分为两类水文日：高流量日和低流量日（包括上升分支日和下降分支日），然后根据相关阈值参数划分枯水流量、特枯流量、高流量脉冲、小洪水和大洪水事件，算法包括 7 个主要阈值参数，具体界定见表 5.3。完成各阈值参数的设定后即可对环境流组成的 5 种流量事件进行划分[52]。基于以上划分界定的 5 种环境流量事件，分别为特枯流量、枯水流量、高脉冲流量、小洪水、大洪水。

表 5.3                              5 种流量事件界定方法

| 阈值参数 | 具 体 界 定 |
| --- | --- |
| 高流量日上限百分位阈值（$T_h$） | 序列的流量值按由小到大排序后的第 75 百分位数值，流量值高于该阈值的流量日被划分为高流量日 |
| 高流量日下限百分位阈值（$T_l$） | 序列的流量值按由小到大排序后的第 50 百分位数值，流适值低于该阈值的流量日被划分为低流量日 |
| 高流量日起始百分位阈值（$T_s$） | 25%，当流量值介于高流量日上限百分位阈值和高流量日下限百分位阈值之间时，该阈值控制着高流量脉冲过程的开始日，也控制着高流量日在一个下降分支日后是否开始一个新的上升分支日 |
| 高流量日结束百分位阈值（$T_e$） | 10%，当流量值介于高流量日上限百分位阈值和高流量日下限百分位阈值之间时，该阈值控制着高流量脉冲过程的结束日，也控制着高流量日在下降分支日和上升分支日的切换 |
| 小洪水重现期年份阈值（$T_{sf}$） | 2 年，该阈值控制着高流量脉冲事件是否被划分为小洪水 |
| 大洪水重现期年份阈值（$T_{lf}$） | 10 年，该阈值控制着高流量脉冲事件是否被划分为大洪水 |
| 特枯流量百分比阈值（$T_{el}$） | 序列的流量值按由小到大排序后的第 10 百分位数值，该阈值控制着特枯流量事件的划分 |

　　由于天门水文站数据序列较长且具有代表性，应用 IHA 软件对天门水文站 1956—2015 年日流量数据进行分析，对天门水文站的环境流量进行统计划分，见表 5.4。对天门水文站 1956—2015 年年平均径流量进行频率分析，根据曲线绘制结果选取典型年，见图 5.2。分析结果显示，2005 年为丰

水年（$P=25\%$），流量为 42.5m³/s；1984 年为平水年（$P=50\%$），流量为 27.4m³/s；1979 为枯水年（$P=75\%$），流量为 22.2m³/s，见图 5.3～图 5.5。

表 5.4　　　　　　　　　　环 境 流 量 参 数 统 计

| 环境流量组分 | 月份 | 流量均值/(m³/s) | 环境流量组分 | 环境流量指标 | 年均值 |
|---|---|---|---|---|---|
| 逐月低流量 | 1 | 6.2 | 极端低流 | 极小值/(m³/s) | 2.33 |
| | 2 | 13.1 | | 平均历时/d | 7 |
| | 3 | 11.2 | | 出现频率/次 | 2 |
| | 4 | 21.5 | 高脉冲流量 | 极小值/(m³/s) | 57.45 |
| | 5 | 24.9 | | 平均历时/d | 5 |
| | 6 | 21.6 | | 出现频率/次 | 7 |
| | 7 | 23.7 | 小洪水 | 极小值/(m³/s) | 417 |
| | 8 | 26.8 | | 平均历时/d | 17 |
| | 9 | 25.6 | | 出现频率/次 | 0 |
| | 10 | 25.8 | 大洪水 | 极小值/(m³/s) | 639 |
| | 11 | 15.4 | | 平均历时/d | 26.5 |
| | 12 | 6.37 | | 出现频率/次 | 0 |

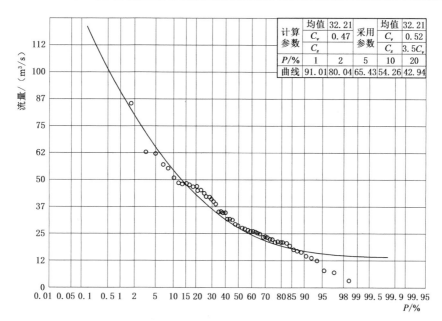

图 5.2　天门水文站 1956—2016 年年平均流量频率曲线

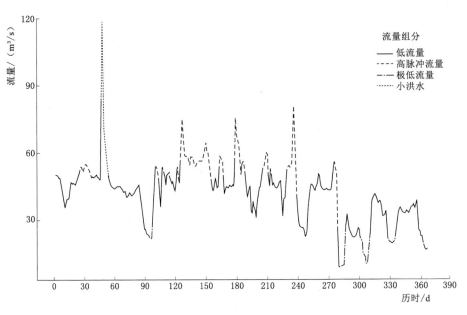

图 5.3　丰水年（2005 年）环境流量组分情况

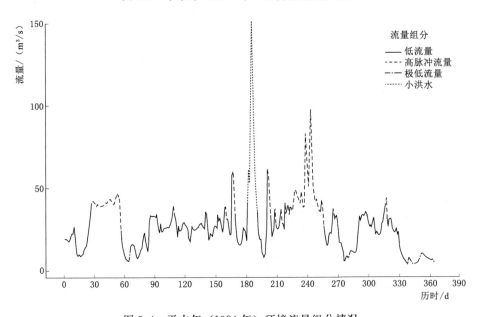

图 5.4　平水年（1984 年）环境流量组分情况

　　筛选 1956—2015 年的典型年，即枯水年（$P=25\%$）、平水年（$P=50\%$）、丰水年（$P=75\%$），采用 IHA 软件计算 1956—2015 年的环境流量组分，统计不同典型年的特枯流量、低流量、高脉冲流量、小洪水、大洪水的历时与发生时间，统计结果见表 5.5。

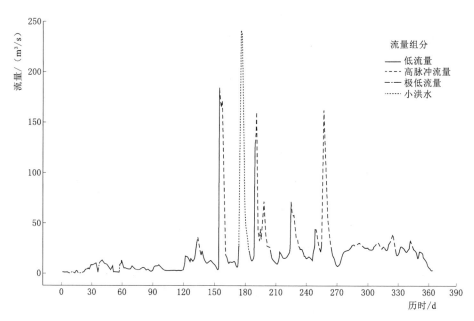

图 5.5　枯水年（1979 年）环境流量组分情况

表 5.5　　　　　　　　　　　不同典型年的环境流量统计

| 环境流量组分 | 丰水年（2005 年） | | 平水年（1984 年） | | 枯水年（1979 年） | |
|---|---|---|---|---|---|---|
| | 发生月份 | 历时/d | 发生月份 | 历时/d | 发生月份 | 历时/d |
| 极低流量 | 4、10、11、12 | 36 | 3、10—12 | 35 | 1—4 | 36 |
| 低流量 | 全年 | 239 | 全年 | 240 | 全年 | 238 |
| 高脉冲流量 | 1—2、4—8、10 | 83 | 1—2、4—11 | 80 | 5—12 | 81 |
| 小洪水 | 2 | 7 | 6—7 | 10 | 6—7 | 10 |
| 大洪水 | 无 | 0 | 无 | 0 | 无 | 0 |

　　分析各典型年内的环境流量组成，丰水年、平水年以及枯水年中均包括极端低流量、低流量、高脉冲流量、小洪水事件，而且各典型年内的环境流量事件的发生时间、频率、历时等不相同。低流量是环境流量组合中普遍存在的流量事件，在丰水年、平水年、枯水年的典型年中大部分时间都是低流量事件，且贯穿全年，连接着各种流量事件，为水生生物提供基本流量要求。高脉冲流量事件在各典型年中也均有出现，出现天数基本相同，且在鱼类产卵繁殖期前后均有高脉冲流量事件。但是对比图 5.3、图 5.4、图 5.5 三种典型年可发现，丰水年的高脉冲流量主要更加密集地出现在 4—8 月，平水年稍显分散，枯水年的高脉冲流量最为分散，甚至出现于生产繁殖期的后期，平水年、枯水年流量不适于四大家鱼的产卵需求。丰水年的小洪水事件发生在 2 月，平水期、枯

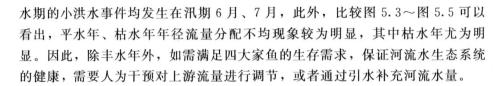

水期的小洪水事件均发生在汛期 6 月、7 月,此外,比较图 5.3~图 5.5 可以看出,平水年、枯水年年径流量分配不均现象较为明显,其中枯水年尤为明显。因此,除丰水年外,如需满足四大家鱼的生存需求,保证河流水生态系统的健康,需要人为干预对上游流量进行调节,或者通过引水补充河流水量。

### 5.3.3    适于四大家鱼不同时期生态流量组合

由于汉北河上仅有天门水文站、汉北河民乐闸水位站两个站点对河流流量进行测定,不能满足所选多个断面对流量数据的需求,同时,天门河水文站下游有溾水、大富水汇入的水量未统计入天门水文站径流量。因此采用 DTVGM(distributed time variant gain mode,分布式时变增益水文模型)对汉北河旁侧支流汇入流量进行模拟,以确保下游水量统计的准确性,用 MIKE11 软件的一维水动力模块对汉北河断面的水位、流量进行模拟,以建立河流流量与其他水力参数之间的关系。基于 5.3.1 节的分析,对汉北河断面 25、断面 71、断面 84 进行流量、水位模拟,从而为计算生态流量提供河流水量依据。

#### 5.3.3.1    DTVGM 水量模拟

基于前文的气象、水文数据以及美国国家航空航天局(National Aeronautics and Space Administration,NASA)和国家影像与制图局(The National Imagery and Mapping Agency,NIMA)联合测量的分辨率为 30m 的 SRTM-DEM 数据,利用 DTVGM 进行汉北河旁侧支流水量汇入模拟。

分布式时变增益模型是由武汉大学夏军院士提出的将水文非线性系统理论 Volterra 泛函级数与水文物理方法相结合的分布式水文模型,具有分布式水文概念性模拟特点以及水文系统分析适应能力强的优点,且在国内外经受了各种不同资料的检验[54]。该模型建立在 GIS/DEM 的基础上,基于水量平衡方程和蓄泄方程建立土壤水产流模型,利用汇流演算,从而得到流域水循环要素的时空分布特征以及流域出口断面的流量过程。

DTVGM 的概念是:降水径流的系统关系是非线性的,其中重要的贡献是产流过程中土壤湿度(即土壤含水量)不同所引起的产流量变化。模型分为月尺度模型、日尺度模型、时尺度模型 3 个子模型:月尺度模型主要针对尺度比较大的流域,进行中长期水资源分析;时尺度模型主要针对小流域或试验流域,进行产汇流机理分析;日尺度模型介于二者之间。

大富水干流有应城(二)站水文站进行径流量测定,溾水干流无水文站点,因此利用应城(二)站水文数据进行参数率定、验证,将参数移植至距离较近的溾水上,对溾水河流径流进行模拟。

1. 大富水流域水文模拟

基于应城(二)水文站 1971—2015 年日降水、径流资料进行流域的水文模拟，其中1971—2000年数据资料用于模型率定，2001—2015年数据资料用于模型模拟。如图5.6所示，由1971—2015年应城（二）水文站径流资料，可见近45年径流数据总体趋势平稳。

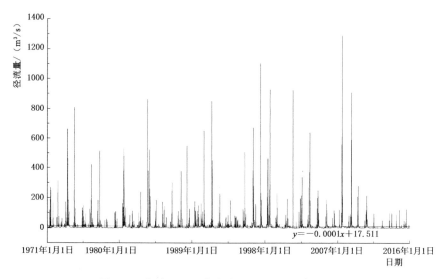

图5.6 应城（二）水文站1971—2015年日径流

利用应城（二）水文站的历史数据继续模拟，结果显示日尺度模拟径流量率定期效率系数为0.51，水量平衡系数为0.97，相关系数 $R^2$ 为0.64；检验期效率系数为0.52，水量平衡系数为0.99，相关系数 $R^2$ 为0.66。日尺度模拟总体效果见图5.7、图5.8。

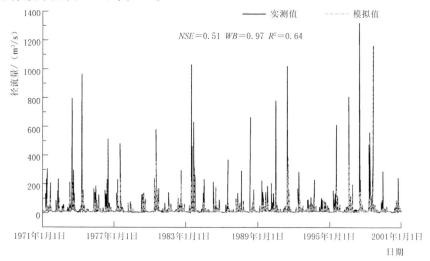

图5.7 应城（二）水文站日径流率定

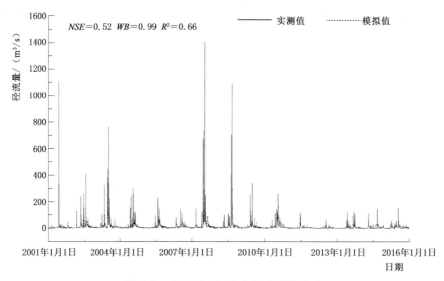

图 5.8 应城（二）水文站日径流检验

统计应城（二）水文站的月模拟效果见图 5.9、图 5.10，月尺度模拟径流量率定期效率系数为 0.77，水量平衡系数为 0.97，相关系数 $R^2$ 为 0.77；检验期效率系数为 0.78，水量平衡系数为 0.99，相关系数 $R^2$ 为 0.79。

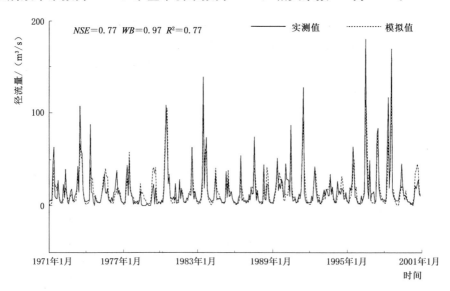

图 5.9 应城（二）水文站月径流率定

**2. 溾水水文模拟**

溾水流域无水文资料，故将降水数据按照子流域进行插值，将邻近的大富水流域率定的参数移植到溾水流域，模拟结果见图 5.11、图 5.12。

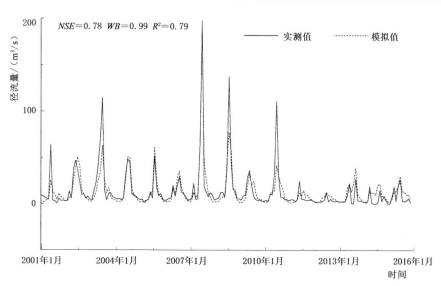

图 5.10　应城（二）水文站月径流检验

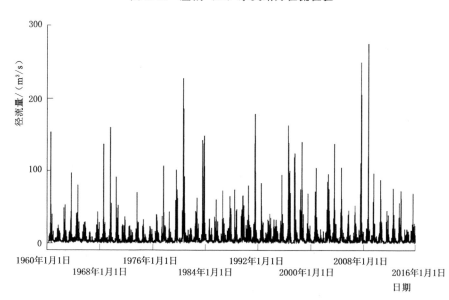

图 5.11　涢水流域日径流模拟过程

### 5.3.3.2　MIKE11 水动力模拟

河流水动力模拟的基本目的是提供河道各个断面、各个时刻的水位和流量等水文要素信息[55]。MIKE11 模型（HD）水动力模块基于一维非恒定流圣维南（Saint‐Venant）方程组来模拟河流的水流状态，方程组包括连续性方程和动量方程，其表达式见式（5.6）、式（5.7）。模型采用明渠不稳定流隐式格式有限差分解，其差分格式采用了六点中心隐式差分格式（Abbott），离散后

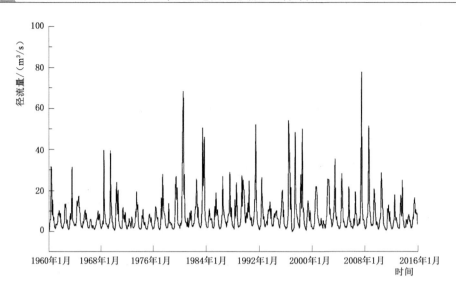

图 5.12　洮水流域月径流模拟过程

的线性方程组用追赶法求解[56]。

描述一维非恒定水流运动的基本方程为圣维南方程组。

其中，连续方程：

$$B_s \frac{\partial h}{\partial t} + \frac{\partial Q}{\partial x} = q \tag{5.6}$$

动量方程：

$$\frac{\partial Q}{\partial t} + \frac{\partial}{\partial x}\left(\frac{\alpha Q^2}{A}\right) + gA\frac{\partial h}{\partial x} + g\frac{|Q|Q}{C^2 AR} = 0 \tag{5.7}$$

式中：$x$ 为空间坐标，m；$t$ 为时间坐标，t；$Q$ 为断面流量，$m^3/s$；$h$ 为水位，m；$A$ 为断面的过水面积，$m^2$；$R$ 为水力半径，m；$B_s$ 为河宽，m；$q$ 为旁侧入流量，$m^3/s$；$C$ 为谢才系数；$g$ 为重力加速度，$m/s^2$；$\alpha$ 为垂向速度分布系数。

水动力模块建模所需文件主要包括以下内容[57]：

（1）流域描述。河网形状，可以是 GIS 数值地图或流域数字化电子图；水工建筑物（河闸、涵洞、坝）和水文测站的位置。

（2）河道。河床断面，其间距视研究目标有所不同，原则上应能反映沿程断面的变化即可。

（3）模型边界。模型边界设在有实测水文观测数据处。

（4）实测水文数据。实测水文站点水位、流量等水文数据主要用于水动力模型的率定和验证。率定验证的时间序列越长，观测数据越丰富，模型就越可靠,越能反映实际河道的水动力情况。

(5)水工建筑物。主要包括堰、闸、涵洞、桥梁等的设计参数及调度运行规则(汉北河上不涉及水工建筑物,故建模时不考虑水工建筑物因素)。

1. 建立模型

建立研究流域河网水动力模型是建立水质模型的基础,MIKE11 模型(HD)水动力模块建立模型的结构见图 5.13。模型的模拟文件主要包含以下数据文件:①河网文件;②断面文件;③参数文件;④边界条件,包括:上下游水位、流量等时间序列文件。

利用 MIKE11 HD 进行模拟时,需要建立河网、断面、时间序列、边界、HD 参数文件以及水工建筑物等。

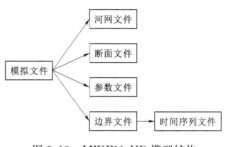

图 5.13  MIKE11 HD 模型结构

(1)河网文件。河长、河道断面采用最新实测数据,汉北河河道始于天门市万家台,至汉川市新沟闸,总长 92.83km。

(2)断面文件。断面文件包含了断面形状、断面所在河流和所在位置等信息。考虑工程实际,将断面间距设置为 1000m 左右,以此可以保证计算的稳定性,并在地形变化大或是断面差异大的地方适当增加断面来满足计算的精度。断面文件的生成步骤如下:①在断面文件编辑器中批量导入断面文件,在表格视窗内生成断面数据,即 $X - Z$(横向距离-高程);②数据输入完毕后,在右侧图像视窗区中直观检查输入的断面是否合理。

(3)时间序列文件。MIKE11 模型中的时间序列文件都放在后缀为 .dfs0 的文件里,其中时间轴类型 Axis Type 选择等时间间隔(Equidistance Calendar Axis),时间步长为 1 天。时间序列文件(.dfs0)中需要引入流量和水位等时间序列,以备其他模块设置调用。

(4)边界文件。边界条件是在流入、流出模型区域的地方,即模拟河段的始、末位置。此边界需要设置流入和流出的水文条件,如水位以及流量等,否则会导致模型无法正常启动或者计算。本书将水文站实测流量和水位作为模型的开边界,共设置了 1 个流量开边界、1 个水位开边界。

(5)HD 参数文件。MIKE11 模型的参数文件主要包括设定模型的初始条件和河床糙度。

1)模型的初始条件是为了模型可以稳定启动,一般要对模型设定初始水位和流量,原则上初始水位和流量等水文条件的设置要与河网实际水文情况一致,初始

水位的设定必须不能高于或低于河床，否则可能导致模型不能顺利启动。

2）水动力模型的参数率定主要考虑的是河道糙率 $n$。糙率 $n$ 是衡量河床边壁粗糙程度对水流运动影响并进行相应水文分析的一个重要系数，其取值是河道一维数值模拟的关键，糙率 $n$ 取值准确与否直接影响着水动力模型的计算精度[58]。天然河道的糙率的确定很复杂，实际中与很多影响因素有关，如河床砂、砾石粒径的大小和组成，河道断面形状的不规则性，河道的弯曲程度，沙地上的草木，河槽的冲积以及河道中设置的人工建筑物等[57]。

**2. 水位验证**

基于实测资料，利用天门水文站与汉北河民乐闸水位站的水位资料对模拟结果进行验证。利用 MIKE11 对汉北河天门水文站、汉北河民乐闸水位站2001年、2015年的水位数据进行模拟。

以天门水文站、汉北河民乐闸水位站的水位观测值对模拟值进行率定，并用相对误差 $R_e$、相关系数 $R^2$ 和 Nash-Suttcliffe 系数 $E_{ns}$ 对拟合结果进行评价，来验证模型的可靠性[59]。Nash-Suttcliffe 效率系数 $E_{ns}$ 的取值范围是（$-\infty$, 1），$E_{ns}$ 越靠近1证明模拟值与观测值越靠近。一般认为，$R^2 \geqslant 0.6$，$E_{ns} \geqslant 0.5$ 时，模型的模拟结果是可以接受的[60]。河网水动力模拟完成后，以2001年、2015年模拟情况为例，利用天门水文站、汉北河民乐闸水位站的水位数据进行模型可靠性验证。

水位实测值与模拟值比较结果，见图5.14。

图5.14分别为天门水文站与汉北河民乐闸水位站2001年、2015年模拟水位与实测水位比较情况。对水位模拟值与实测值进行分析发现：应用MIKE11建立的水动力学模型的精度较高，模拟值和实测值整体拟合较好。2001年，天门水文站、汉北河民乐闸水位站模拟水位值的平均绝对误差为0.09m、0.037m，平均相对误差 $R_e$ 为 0.005％、0.002％，相关系数 $R^2$ 为0.966、0.995，Nash-Suttcliffe 系数 $E_{ns}$ 为0.937、0.994；2015年，天门水文站、汉北河民乐闸水位站模拟水位值的平均绝对误差为0.14m、0.1m，平均相对误差 $R_e$ 为 0.006％、0.005％，相关系数 $R^2$ 为0.966、0.99，Nash-Suttcliffe 系数 $E_{ns}$ 为0.957、0.987。分析不同年份、不同水文站点的模拟结果：2001年的模拟结果精度优于2015年，汉北河民乐闸水位站模拟结果精度优于天门水文站。其原因在于2015年旁侧入流数据部分时间缺测，从而导致相应时段的模拟值出现较大误差，同时近年来人为干扰对河流的影响越来越重，河流水势变化更加复杂，增加了模拟的难度。

综上，通过对两个水文站水文实测值与模拟值比较，利用 MIKE11 建模进行汉北流域河流水位、流量的模拟效果较为理想，可较准确反映汉北流域各河流的实际水动力变化过程。

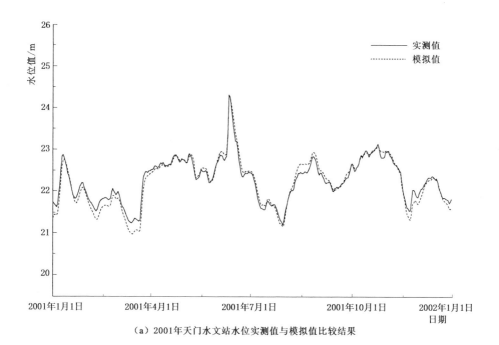

（a）2001年天门水文站水位实测值与模拟值比较结果

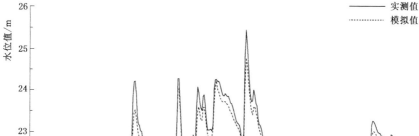

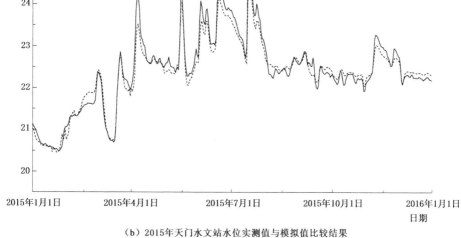

（b）2015年天门水文站水位实测值与模拟值比较结果

图 5.14（一） 天门水文站、汉北河民乐闸水位站水位实测值与模拟值对比

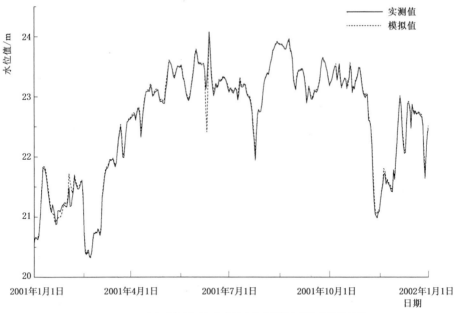

（c）2001年汉北河民乐闸水位站水位实测值与模拟值比较结果

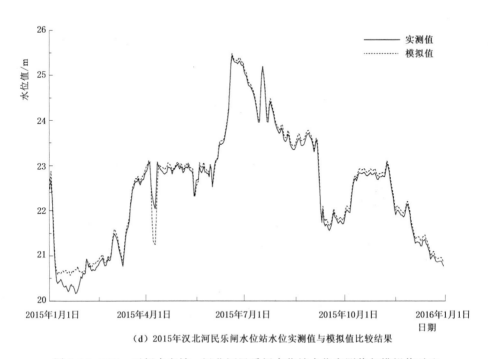

（d）2015年汉北河民乐闸水位站水位实测值与模拟值比较结果

图 5.14（二）　天门水文站、汉北河民乐闸水位站水位实测值与模拟值对比

### 5.3.3.3 流量分析

根据水动力模拟结果，结合前文中断面的选择，分析四大家鱼不同生长期对生态流量的需求：

（1）上溯期。由于多年来汉北河上游河段入流相对稳定，因此四大家鱼上溯期的需求仅考虑流速要求即可。由前文分析可知，在四大家鱼上溯期，河流速度不宜高于 1.1m/s，因此设定上溯期的最大流速为 1.1m³/s。断面 71 是 1.1m/s 流速对应的流量值最低的断面，为保证四大家鱼顺利洄游，选择此断面对应的流量作为上溯期最高流量要求，根据其流量-流速关系曲线，四大家鱼上溯期的流量需小于 145.75m³/s。根据汉北河上游水文站实测流量值以及 MIKE11 模拟流量数据，在上溯期（3—4 月）基本不会发生影响四大家鱼洄游的高流量事件。

（2）产卵繁殖期。基于断面选取原则，图 5.1 所示的断面 71、断面 25 最适合四大家鱼产卵繁殖，因此绘制此断面的流量-水位曲线图、流量-流速曲线图，见图 5.15～图 5.18。四大家鱼产卵繁殖期的生态要求为连续 7d 以上的高脉冲流量事件，能够淹没浅滩水深超过 0.7m。断面 71 的浅滩最低高程为 22.90m，因此水位需要达到 23.60m；断面 25 的浅滩最低高程为 22.30m，水位需要达到 23.00m。结合各断面流量-水位关系图，确定断面 71、断面 25 要求的水深对应的流量分别为 76.47m³/s、45.5m³/s。除了需要达到浅滩水深要求外，还需要达到产卵流速刺激需求，即满足河流流速大于 0.7m/s，断面

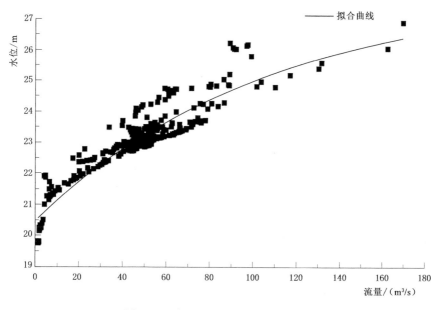

图 5.15　断面 25 流量-水位关系曲线

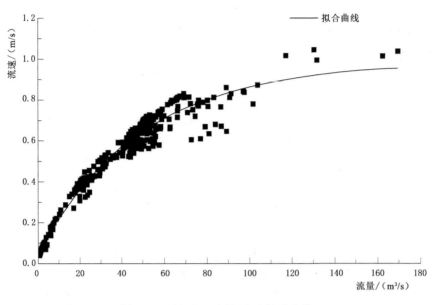

图 5.16　断面 25 流量-流速关系曲线

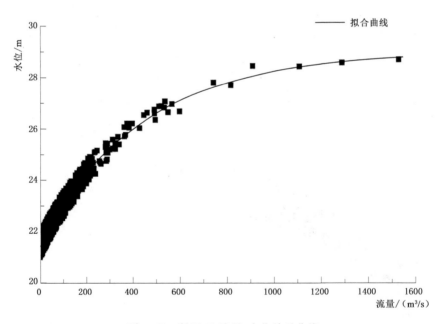

图 5.17　断面 71 流量-水位关系曲线

71、断面 25 的流速需求对应的流量为 104.23m³/s 与 57.9m³/s。综合以上分析，在四大家鱼产卵繁殖期，断面 71、断面 25 的生态流量需求为 104.23m³/s 与 57.9m³/s，因此断面 25 更适合四大家鱼产卵繁殖，故以断面 25 的生态流

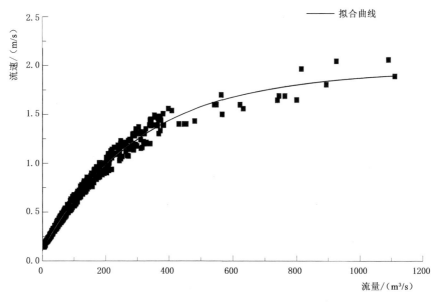

图 5.18　断面 71 流量-流速关系曲线

量作为四大家鱼产卵繁殖期的代表生态流量，且历时大于 7d。

（3）幼鱼索饵。四大家鱼在幼鱼索饵期内最好发生大于 1 次的平滩流或漫滩流，以能够冲刷河漫滩，为幼鱼带来广阔的活动空间并且提供丰富的营养物质，在计算中，以流量能够完全覆盖断面的河漫滩为准。

计算断面 71、断面 25 的浅滩平均高程，分别为 23.8m、23.5m；断面 71、断面 25 对应的流量分别为 82.88m³/s、54.2m³/s。断面 25 需求低于断面 71，综合考虑断面位置与鱼类生活习性，选取断面 71 为四大家鱼产卵繁殖与幼鱼生长的断面。

（4）越冬期。对几个典型断面进行分析，断面 25、断面 71、断面 84 均满足 $h > 10$m 的要求，均适合四大家鱼越冬。

对四大家鱼各生长繁殖关键期的生态需求对应的生态流量进行汇总统计，见表 5.6。

表 5.6　　　　　　　　　　四大家鱼各时期生态流量组合

| 时期 | 上溯期<br>（3—4 月） | 产卵繁殖期<br>（5—7 月） | 幼鱼索饵期<br>（8—10 月） | 越冬期<br>（11 月至次年 2 月） |
|---|---|---|---|---|
| 环境流量组分 | 低流量 | 高脉冲流量、小洪水 | 高脉冲流量、小洪水 | 低流量 |
| 生态需求 | 流速小于 1.1m³/s | 流速大于 0.4m/s<br>浅滩水深大于 0.7m<br>以上条件至少持续 7d | 发生至少一次<br>平滩流或漫滩流 | 河道水深大于 10m |

续表

| 时期 | 上溯期<br>（3—4 月） | 产卵繁殖期<br>（5—7 月） | 幼鱼索饵期<br>（8—10 月） | 越冬期<br>（11 月至次年 2 月） |
|---|---|---|---|---|
| 生态流量推荐 | 小于 145.75m³/s | 大于 57.9m³/s，持续 7d | 大于 82.88m³/s | 无推荐 |
| 考核断面 | 断面 71 | 断面 25 | 断面 71 | 无 |
| 情况说明 | 可全部满足 | 丰、平水年可满足 | 丰、平水年均可满足 | 历史低水位即可满足 |

### 5.3.4　基于流量组合结果、Tennant 法的流量分析

Tennant 法对生态流量的时期划分为汛期（4—9 月）与非汛期（10 月至次年 3 月），汛期与非汛期的不同等级生态流量对应的固定百分比不同，汛期高于非汛期，见表 4.1。

基于汉北河的情况，设定汛期为 5—9 月，非汛期为 10 月至次年 4 月，基于 Tennant 法计算的生态流量的时期划分应与汉北流域的具体情况相对应。基于 Tennant 法估算两种级别的生态流量组合，即最小生态流量与适宜生态流量。最小生态流量的确定，采用 Tennant 法中的"差"或"最小"标准，即均采用多年平均的 10% 作为汛期与非汛期的最小生态流量值；适宜生态流量的确定，采用 Tennant 法中的"良好"标准，采用多年平均流量的 20% 作为非汛期的适宜生态流量，采用多年平均流量的 40% 作为汛期的适宜生态流量。根据 Tennant 法计算的天门水文站逐月最小与适宜生态需水量见表 5.7。

表 5.6 中生态流量组合结果显示：汉北河在丰水年、平水年的径流量基本能满足四大家鱼在各个时期的需求。因此，只要天门水文站来水量足够多，各个典型断面的流量即可满足汉北河的水生态系统的正常运行。将生态流量组合的计算结果与 Tennant 法进行比较，生态流量组合计算的 5—7 月生态流量仅低于 Tennant 法计算结果中的 7 月流量，而生态流量组合计算结果的要求为 5—7 月发生 1 次连续 7d 流量超过 57.9m³/s 的高流量事件，Tennant 法的要求是平均流量，其要求更高。

基于生态流量组合计算结果，结合实际情况进行分析，四大家鱼上溯期与越冬期的流量需求在历史流量情况中都能得到满足，上溯期只推荐了生态流量的上限值，在实际操作中河道内仍然需要保持一定的流量以维持河流水生态系统的正常运行，因此，采用 Tennant 法推求的逐月最小与适宜生态流量值来补充生态流量组合计算结果的缺失部分，并将计算的关键断面生态流量转换为拥有长系列流量序列的天门水文站对应生态流量。具体操作如下：

（1）补充鱼类上溯期的水生态系统基本生态流量。考虑整个河流水生态系统的需求，采用 Tennant 法计算的 3 月、4 月的适宜生态流量作为上溯期的基本生态流量，即 TM 断面 3 月、4 月内的日流量分别为 3.36m³/s、5.8m³/s，见表 5.7。

表 5.7　　　　基于 Tennant 法的天门水文站多年平均流量以及
最小与适宜生态需水量

| 月　份 | 1 | 2 | 3 | 4 | 5 | 6 | 7 | 8 | 9 | 10 | 11 | 12 |
|---|---|---|---|---|---|---|---|---|---|---|---|---|
| 多年平均流量/(m³/s) | 10.2 | 15.6 | 16.8 | 29 | 43.2 | 47.2 | 73.3 | 46 | 35.3 | 32 | 22.4 | 12.3 |
| 生态流量 /(m³/s)　最小（10%） | 1.02 | 1.56 | 1.68 | 2.9 | 4.32 | 4.72 | 7.33 | 4.6 | 3.53 | 3.2 | 2.24 | 1.23 |
| 适宜（20%、40%） | 2.04 | 3.12 | 3.36 | 5.8 | 17.28 | 18.88 | 29.32 | 18.4 | 14.12 | 6.4 | 4.48 | 2.46 |

（2）补充鱼类产卵繁殖期与幼鱼索饵期的水生态系统一般情况下生态流量。基于生态组合流量的计算结果，提出在鱼类产卵繁殖（5—7月）内在断面 25 至少需要发生 1 次连续 7d 流量大于 57.9m³/s 的高流量事件；在幼鱼索饵期（8—10 月）内至少需要发生 1 次流量大于 82.88m³/s 的平滩流或漫滩流，但是对高流量事件的时段没有具体要求。采用 Tennant 法对产卵繁殖与幼鱼索饵期内的其他时间进行生态流量补充，由于该时期内已经考虑了水生生物的适宜需求，故采用 Tennant 法计算的 5—10 月的最小生态流量作为该时期内一般情况的生态流量。

（3）补充鱼类越冬期的水生态系统基本生态流量需求。由于历史流量系列中流量的最小值也能满足四大家鱼越冬期的水位要求，因此生态组合流量计算结果未给出越冬期的生态流量下限要求，因此采用 Tennant 法计算的 11 月至次年 2 月的适宜生态流量作为越冬期的基本生态流量。

综上，分析天门水文站 1956—2015 年日平均径流量数据，见图 5.19。天门水文站径流数据可满足 3 月、4 月的日流量需分别大于 3.36m³/s 与 5.8m³/s 的要求；7 月平均径流量大于 57.9m³/s，对发生 1 次连续 7d 流量大于 57.9m³/s 的高流量事件进行统计，结果显示有 25 年满足，满足率仅为 41%；8 月多年平均日流量数据均小于 82.88m³/s，对多年数据统计发现，61 年间有 24 年出现流量大于 82.88m³/s 的日径流数据，约 40% 的年份满足至少发生 1 次流量大于 82.88m³/s 的平滩流或漫滩流。因此，汉北河流量距离满足产卵繁殖期与鱼类索饵期的水量要求还有一定的差距。因此，需要在 7 月、8 月对汉北河补充一定的水量，以满足鱼类需求。

为确保河流径流量满足特殊生态流量需求，以满足 7 月发生 1 次连续 7d 流量大于 57.9m³/s 的高流量事件、8 月发生一次流量大于 82.88m³/s 的日径流数据为标准，7 月、8 月的生态流量计算结果分别为 34.8m³/s、20m³/s，即对 7 月、8 月分别补充流量 5.48m³/s、1.6m³/s。结合 Tennant 法的计算结果，对二者进行结合，得出汉北河生态流量组合推荐，见表 5.8。

综上，以 Tennant 法确定的适宜生态流量与特殊生态流量组合作为适宜生态需水量，以 Tennant 法计算的最小生态流量作为生态流量组合的最小生态量，汉北河生态流量组合的最小、适宜生态需水量见表 5.8。

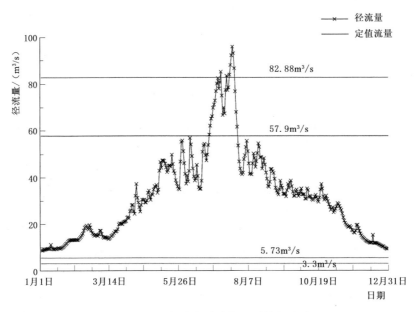

图 5.19　天门水文站多年日平均径流量

表 5.8　　适于四大家鱼各时期的天门水文站生态流量组合推荐

| 时期 | | 上溯期 | | 产卵繁殖期 | | | 幼鱼索饵期 | | | 越冬期 | | | |
|---|---|---|---|---|---|---|---|---|---|---|---|---|---|
| | | 3月 | 4月 | 5月 | 6月 | 7月 | 8月 | 9月 | 10月 | 11月 | 12月 | 1月 | 2月 |
| 特殊生态流量 /(m³/s) | | 小于145.75 | | 流量大于57.9m³/s，持续7d | | | 发生至少一次平滩流或漫滩流，即流量大于82.88m³/s | | | 无 | | | |
| 特殊流量考核断面 | | 断面71 | | 断面25 | | | 断面71 | | | 无 | | | |
| 生态流量组合 /(m³/s) | 最小 | 1.68 | 2.9 | 4.32 | 4.72 | 7.33 | 4.6 | 3.53 | 3.2 | 2.24 | 1.23 | 1.02 | 1.56 |
| | 适宜 | 3.36 | 5.8 | 17.28 | 18.88 | 34.8 | 20 | 14.12 | 6.4 | 4.48 | 2.46 | 2.04 | 3.12 |

# 第6章 基于流速法的生态需水计算及分析

## 6.1 断面选取及其概况

汉北河干流水文站及相应断面较少，根据水力学法对断面的要求，并结合流域特征，本书按以下原则来选取典型断面。

### 6.1.1 断面选取的原则

（1）稳定性。流速法的应用需要断面具有一定的稳定性，否则流速-流量关系不固定。由于自然因素和人类活动双重作用对河道的影响，使得河道断面出现间断稳定情况，自然条件下河道断面连续变迁的格局已被打破，局部地区河道人工化明显，断面表现为假稳定现象，对生态流量的推求产生一定影响。因此，水文控制断面的稳定性要能够反映河道的天然变化，对其他假设稳定或变幅较大情况要做相应处理。稳定性具有双重含义，即河道断面几何形态的物理稳定性以及断面所表现出的水文内涵稳定性，如水位-流量关系等。

（2）代表性。所选断面应具代表性。水文断面的选取能代表所在河道平均特征，较好反映流域面积大小、河床底质组成、断面过水特征、断面类型、河道弯曲、河流水沙特征等诸多要素。

（3）可靠性。利用河道水文控制断面计算生态需水量的可信度是必须考虑的一个方面。断面分析的最终结果要为河道生态系统的健康和恢复及流域水资源利用提供衡量尺度，这种衡量标准的精确程度和可靠程度必须具有客观公正性。在这种意义上，可靠性包括两层内容，一是河道控制断面观测资料的可靠性和完整性，二是由断面计算的生态需水量结果的可靠性。

（4）连续性。连续性是指数据系列的连续性。因为具备一定量的长系列数据是选择断面的基本前提，流速-流量关系曲线的确定，需要具有一定连续性的长系列数据，所以在选取断面时，要求断面必须有实测大断面资料，同时具有逐日平均水位资料和逐日平均流量资料，或者具有实测流量成果表，该成果表中应包括施测时的水位、流量、断面面积、流速、水面宽和水深。流速法以流量-流速关系为基础，要求选取的断面具有实测流量成果表。选取的水文站要有 10 年以上可以利用的观测资料。

### 6.1.2　断面状况

根据上述原则及前文对断面的调查分析，本书选定研究范围内的 2 个河道断面（断面 25、断面 71）作为研究的控制断面，见图 5.1 及表 6.1。

表 6.1　　　　　　　　　　重点研究范围内控制断面基本情况表

| 序号 | 断面号 | 地理位置 | 集水面积/km² | 经度（E）/(°) | 纬度（N）/(°) |
|---|---|---|---|---|---|
| 1 | 25 | 天门市 | 2303 | 113.1407 | 30.6748 |
| 2 | 71 | 汉川市 | 8655 | 113.9561 | 30.6857 |

## 6.2　断面径流分析

对断面 25、断面 71 的径流、断面以及水位数据进行分析。

利用汉北河 2 个河道断面 1956—2015 年日平均径流量数据进行统计，结果见图 6.1、图 6.2。根据径流统计资料分析发现，汉北河径流年内分布不均衡，4—8 月流量最大，9—10 月次之，1—3 月和 11—12 月最小。这反映出鱼类从产卵期（4—8 月）、育幼期（9—10 月）到成长期（1—3 月和 11—12 月）对流速的喜爱程度有所不同[61]。

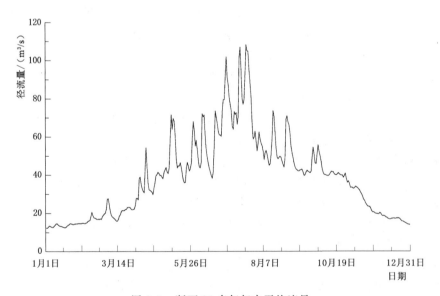

图 6.1　断面 25 多年年内平均流量

利用断面 25、断面 71 的流量、流速与断面数据（图 5.15～图 5.18），根据式（6.1）对断面多年日径流量与流速数据进行拟合，得到流量与流速的关

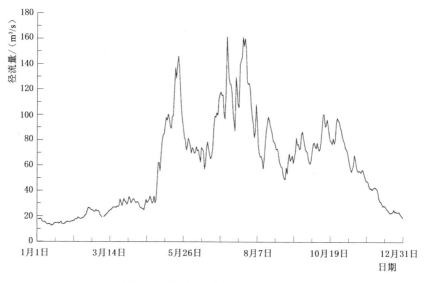

图 6.2　断面 71 多年年内平均流量

系，从而根据鱼类所需的生态流速来确定对应的流量，最终确定生态需水量。

基于前文表 3.4 构建的模型，计算汉北河生态流速的最小值、平均值以及最大值，三个模型分别如下：

$$v_{ei} = \min(v_{ei,j}) \tag{6.1}$$

$$v_{ei} = \frac{1}{n} \sum_{j=1}^{n} v_{ei,j} \tag{6.2}$$

$$v_{ei} = \max(v_{ei,j}) \tag{6.3}$$

式中：$v_{ei}$ 为第 $i$ 月生态流速；$v_{ei,j}$ 为第 $j$ 种鱼类，第 $i$ 月的生态流速，$i = 1 \sim 12$，$j = 1 \sim n$；$n$ 为该断面鱼的总类数。

综合最小和适宜生态流速及上述三种模型，得出生态需水等级，见表 6.2。

表 6.2　　　　　　　　　　生 态 需 水 等 级

| 等　　级 | | 方案①（小） | 方案②（中） | 方案③（大） |
|---|---|---|---|---|
| 最小生态需水 | 最小生态流速 | I | II | III |
| 适宜生态需水 | 适宜生态流速 | IV | V | VI |

# 6.3　生态流量保护目标

生态需水具有阈值性和目标性，即针对不同目标应设定不同的需水量下限，包括最小和适宜生态需水量。根据前文生态需水等级分类，设定汉北河最小生态流量与适宜生态流量的保护目标。

### 6.3.1 最小生态流量保护目标

河道最小生态需水量是指为维持现有河道生态系统不再恶化、保障河道天然生态系统关键物种不消亡，从而保证河道生态系统基本功能不严重退化，必须在河道中常年流动着的最小临界水量。其可随河流特性、河段位置和时段范围变化，具动态变化特征，所以必须同时考虑其总水量和流量过程。

同时，其最基本的功能是要维持河流水体的基本形态以成为一个连续体。为保证汉北河水系生态至少维持现状而不再恶化，首先必须保证河段不断流，防止河道生态系统发生毁灭性的破坏。这就需要在河道内保留足够流量以维持低级生物链如底栖动物和浮游动植物的正常生长、繁殖，并为关键物种如鱼类提供最小的生存和活动空间。综上所述，将最小生态流量保护目标设定为：①不断流；②维持底栖动物、浮游动植物及鱼类生长繁殖的最小空间。

### 6.3.2 适宜生态流量保护目标

适宜生态流量是指水生态系统的生物完整性随水量减少而发生演变，以生态系统衰退临界状态的水分条件定义为维持水体生物完整性的需水。其考虑目标水体水生生物主要是鱼类的生存、繁衍对水域水文、水力特性的要求。同时，适宜生态需水还需强调水质要求，对接纳污染物的河流水体，应预留一部分生态环境需水量，以维持水体一定的自净能力。综上，汉北河流域生态系统的完整性可以体现在如下目标：维持底栖动物、浮游动植物及鱼类的正常生长、繁殖；防止河道受污染的自净需水；

综合考虑最小生态流量与适宜生态流量的保护目标，本书将河流生态流量目标设定为：①保证汉北河不断流；②为汉北河流域内的水生生物提供最小生存空间；③为河流内的鱼类产卵、生长提供适宜生境；④维持水质、降低河道污染。前文选择的断面均满足水深要求，不再设定水深目标。

表6.3　　　　　　　　生态流量目标设定

| 断面号 | 最小生态目标 | | 适宜生态目标 | |
|---|---|---|---|---|
| | 控制目标 | 水力要求 | 控制目标 | 水力要求 |
| 25 | ①、② | $v_1 > 0.1\text{m/s}$;<br>$v_2 > 0.2\text{m/s}$ | ③、④ | $v_1 >$喜爱流速下限；<br>$v_2 >$喜爱流速下限 |
| 71 | ①、② | $v_1 > 0.1\text{m/s}$;<br>$v_2 > 0.2\text{m/s}$ | ③、④ | $v_1 >$喜爱流速下限；<br>$v_2 >$喜爱流速下限 |

注　表中 $v_1$、$v_2$ 分别为非产卵期与产卵期鱼类生态流速。

# 6.4 最小生态需水量

基于表 3.2、表 3.3 以及前文对流速法生态流量组合分析，汉北河流域的多种鱼类产卵期覆盖的主要时间段为 2—7 月。各种鱼类的感觉流速为 0.2m/s，喜欢流速范围为 0.3～0.8m/s。鱼类最小生态流速计算结果见表 6.4。

表 6.4　　　　　　　　鱼类最小生态流速计算结果

| 月　份 | | 1 | 2 | 3 | 4 | 5 | 6 | 7 | 8 | 9 | 10 | 11 | 12 |
|---|---|---|---|---|---|---|---|---|---|---|---|---|---|
| 最小生态流速/(m/s) | 鲤鱼 | 0.1 | 0.2 | 0.2 | 0.2 | 0.2 | 0.1 | 0.1 | 0.1 | 0.1 | 0.1 | 0.1 | 0.1 |
| | 鲫鱼 | 0.1 | 0.1 | 0.1 | 0.2 | 0.2 | 0.2 | 0.2 | 0.1 | 0.1 | 0.1 | 0.1 | 0.1 |
| | 青鱼 | 0.1 | 0.1 | 0.1 | 0.1 | 0.1 | 0.2 | 0.1 | 0.1 | 0.1 | 0.1 | 0.1 | 0.1 |
| | 草鱼 | 0.1 | 0.1 | 0.2 | 0.1 | 0.1 | 0.2 | 0.2 | 0.1 | 0.1 | 0.1 | 0.1 | 0.1 |
| | 鲢鱼 | 0.1 | 0.1 | 0.1 | 0.1 | 0.1 | 0.2 | 0.2 | 0.1 | 0.1 | 0.1 | 0.1 | 0.1 |
| | 鳙鱼 | 0.1 | 0.1 | 0.1 | 0.1 | 0.1 | 0.2 | 0.2 | 0.1 | 0.1 | 0.1 | 0.1 | 0.1 |
| | 方案① | 0.1 | 0.1 | 0.1 | 0.1 | 0.2 | 0.1 | 0.1 | 0.1 | 0.1 | 0.1 | 0.1 | 0.1 |
| | 方案② | 0.1 | 0.12 | 0.13 | 0.13 | 0.2 | 0.18 | 0.18 | 0.1 | 0.1 | 0.1 | 0.1 | 0.1 |
| | 方案③ | 0.1 | 0.2 | 0.2 | 0.2 | 0.2 | 0.2 | 0.2 | 0.1 | 0.1 | 0.1 | 0.1 | 0.1 |

根据前文对流速-流量关系的分析计算，得到年内各月满足鱼类流速要求的生态流量，见表 6.5。

表 6.5　　　　　　　　鱼类最小生态需水量计算结果

| 断面号 | 方案 | 最小生态需水量/(m³/s) | | | | | | | | | | | |
|---|---|---|---|---|---|---|---|---|---|---|---|---|---|
| | | 1 月 | 2 月 | 3 月 | 4 月 | 5 月 | 6 月 | 7 月 | 8 月 | 9 月 | 10 月 | 11 月 | 12 月 |
| 25 | ① | 5.0 | 5.0 | 5.0 | 5.0 | 9.9 | 5.0 | 5.0 | 5.0 | 5.0 | 5.0 | 5.0 | 5.0 |
| | ② | 5.0 | 5.8 | 6.5 | 6.5 | 9.9 | 9.0 | 9.0 | 5.0 | 5.0 | 5.0 | 5.0 | 5.0 |
| | ③ | 5.0 | 9.9 | 9.9 | 9.9 | 9.9 | 9.9 | 9.9 | 5.0 | 5.0 | 5.0 | 5.0 | 5.0 |
| 71 | ① | 10.8 | 10.8 | 10.8 | 10.8 | 22.5 | 10.8 | 10.8 | 10.8 | 10.8 | 10.8 | 10.8 | 10.8 |
| | ② | 10.8 | 12.6 | 14.5 | 14.5 | 22.5 | 20.5 | 20.5 | 10.8 | 10.8 | 10.8 | 10.8 | 10.8 |
| | ③ | 10.8 | 22.5 | 22.5 | 22.5 | 22.5 | 22.5 | 22.5 | 10.8 | 10.8 | 10.8 | 10.8 | 10.8 |

# 6.5 适宜生态需水量

同理，适宜生态需水的计算是在适宜生态流速的基础上，通过实测流速-流量关系曲线而得。基于表 6.6 的鱼类适宜生态流速取值，计算河流适宜生态需水量。结果见表 6.7。

表 6.6　　　　　　　　　鱼类适宜生态流速计算结果　　　　　　单位：m/s

| 月份 | 1 | 2 | 3 | 4 | 5 | 6 | 7 | 8 | 9 | 10 | 11 | 12 |
|---|---|---|---|---|---|---|---|---|---|---|---|---|
| 鲤鱼 | 0.3 | 0.8 | 0.8 | 0.8 | 0.8 | 0.3 | 0.3 | 0.3 | 0.3 | 0.3 | 0.3 | 0.3 |
| 鲫鱼 | 0.3 | 0.3 | 0.3 | 0.6 | 0.6 | 0.6 | 0.6 | 0.3 | 0.3 | 0.3 | 0.3 | 0.3 |
| 青鱼 | 0.3 | 0.3 | 0.3 | 0.6 | 0.6 | 0.6 | 0.6 | 0.3 | 0.3 | 0.3 | 0.3 | 0.3 |
| 草鱼 | 0.3 | 0.3 | 0.6 | 0.6 | 0.6 | 0.6 | 0.6 | 0.3 | 0.3 | 0.3 | 0.3 | 0.3 |
| 鲢鱼 | 0.3 | 0.3 | 0.3 | 0.6 | 0.6 | 0.6 | 0.6 | 0.3 | 0.3 | 0.3 | 0.3 | 0.3 |
| 鳙鱼 | 0.3 | 0.3 | 0.3 | 0.6 | 0.6 | 0.6 | 0.6 | 0.3 | 0.3 | 0.3 | 0.3 | 0.3 |
| 方案① | 0.3 | | | | | 0.3 | 0.3 | 0.3 | 0.3 | 0.3 | 0.3 | 0.3 |
| 方案② | 0.3 | 0.38 | 0.43 | 0.43 | 0.63 | 0.55 | 0.55 | 0.3 | 0.3 | 0.3 | 0.3 | 0.3 |
| 方案③ | 0.3 | 0.8 | 0.8 | 0.8 | 0.8 | 0.6 | 0.6 | 0.3 | 0.3 | 0.3 | 0.3 | 0.3 |

表 6.7　　　　　　　　　鱼类适宜生态需水量计算结果　　　　　　单位：m³/s

| 断面号 | 方案\月份 | 1 | 2 | 3 | 4 | 5 | 6 | 7 | 8 | 9 | 10 | 11 | 12 |
|---|---|---|---|---|---|---|---|---|---|---|---|---|---|
| 25 | ① | 16.0 | 16.0 | 16.0 | 16.0 | 44.6 | 16.0 | 16.0 | 16.0 | 16.0 | 16.0 | 16.0 | 16.0 |
| | ② | 16.0 | 22.2 | 26.4 | 26.4 | 49.0 | 38.4 | 38.4 | 16.0 | 16.0 | 16.0 | 16.0 | 16.0 |
| | ③ | 16.0 | 77.0 | 77.0 | 77.0 | 77.0 | 44.6 | 44.6 | 16.0 | 16.0 | 16.0 | 16.0 | 16.0 |
| 71 | ① | 36.0 | 36.0 | 36.0 | 36.0 | 89.2 | 36.0 | 36.0 | 36.0 | 36.0 | 36.0 | 36.0 | 36.0 |
| | ② | 36.0 | 48.7 | 57.0 | 57.0 | 96.6 | 78.8 | 78.8 | 36.0 | 36.0 | 36.0 | 36.0 | 36.0 |
| | ③ | 36.0 | 138.8 | 138.8 | 138.8 | 138.8 | 89.2 | 89.2 | 36.0 | 36.0 | 36.0 | 36.0 | 36.0 |

# 6.6　结果合理性分析

## 6.6.1　最小生态需水合理性分析

Tennant 法是依据观测资料而建立起来的径流量和栖息地质量之间的经验关系。在实际应用中，需要结合河流的地理位置、气候条件以及生态保护目标等对 Tennant 法划分的分期与标准在本地区的适用性进行检验。通常 Tennant 法可作为一种粗略检验。

以 Tennant 法作为评价的基准，评价结果见表 6.8。

由表 6.8 可见，最小生态需水方案中，汛期均处于"中"等级，非汛期处于"好"至"非常好"等级；适宜生态需水方案中，汛期处于"非常好"至"最佳"等级，非汛期处于"最佳"至"最大"等级。

表 6.8                 最小及适宜生态流量的 Tennant 法评价结果

| 断面号 | 方案 | 最小生态流量 | | 适宜生态流量 | |
|---|---|---|---|---|---|
| | | 汛期（5—9月） | 非汛期（10月至次年4月） | 汛期（5—9月） | 非汛期（10月至次年4月） |
| 25 | ① | 0.10 | 0.20 | 0.37 | 0.64 |
| | ② | 0.13 | 0.22 | 0.54 | 0.80 |
| | ③ | 0.14 | 0.29 | 0.68 | 1.70 |
| 71 | ① | 0.13 | 0.25 | 0.46 | 0.82 |
| | ② | 0.17 | 0.28 | 0.65 | 1.00 |
| | ③ | 0.18 | 0.36 | 0.77 | 1.83 |
| 差 | 中 | 好 | 非常好 | 极好 | 最佳 | 最佳～最大 |
| | 0.1～0.2 | 0.2～0.3 | 0.3～0.4 | 0.4～0.5 | 0.5～1.0 | 1～2 |

注　表中①、②、③分别代表流速法方案①、方案②、方案③。

## 6.6.2　适宜生态需水合理性分析

由表 6.8 可知，利用流速法计算的断面 25 适宜生态需水结果，方案③的非汛期生态需水与径流量比值大于 1，其余均小于 1，河流径流量理论上均可满足方案①、方案②所需的适宜生态需水量，其中方案①更容易得到满足；对于断面 71，三个方案的计算结果显示方案②、方案③非汛期生态需水与径流量比值等于或大于 1，仅方案①可以得到满足。综上所述，宜采用方案①作为最小、适宜生态需水方案。

## 6.6.3　生态需水的历史合理性分析

### 6.6.3.1　生态流量的现状满足程度

对于特定河流，修建水库或闸坝，并将生态需求作为重要的调度目标将有助于提高河流的生态需水保证率，营造适宜的生境条件，从而修复、改善河流生态环境，维护下游河流健康[62]。因此，生态需水的确定关系到生态调度和生态系统健康，于是有必要对其进行历史合理性分析。本书主要以生态需水保证率为指标进行分析。根据文献 [38]，生态需水保证率可表示为实际月（年）径流量大于方案计算的月（年）生态需水量的月数（年数）占总月数（总年数）的比值。

根据各断面多年（1956—2016 年）实测日径流资料，与计算得到的最小、适宜生态流量作比较，分析现状实际生态需水满足程度，见表 6.9。

表6.9　　　　　　　　　　　汉北河流域生态流量保证率

| 断面号 | 最小生态流量保证率/% | | | 适宜生态流量保证率/% | | |
|---|---|---|---|---|---|---|
| | 方案① | 方案② | 方案③ | 方案① | 方案② | 方案③ |
| 25 | 84/98 | 82/98 | 80/97 | 60/85 | 52/66 | 39/30 |
| 71 | 88/100 | 87/100 | 81/100 | 53/93 | 41/40 | 40/27 |

**注**　"/"前为月保证率，"/"后为年保证率。

由此可得出以下几个结论：

（1）从水量上来看，现状流量一定程度上可以满足河流最小生态流量要求，但是适宜生态需水保证率不高，且适宜生态流量的满足程度要远低于最小生态流量。因此，需要在规划期通过调整水量分配以及通过调水工程等措施来满足适宜生态流量。

（2）从时间上看，一般情况下，最小生态流量保证率的年保证率大于相应月保证率，从而一定程度上可通过年内生态调度提高生态流量的月保障程度；而适宜生态流量保证率则存在月保证率大于年保证率的情况，且总体保证率较低，无论是月尺度还是年尺度均得不到有效保障。

（3）从空间上看，在最小生态流量保证率上，断面71好于断面25，而适宜生态流量保证率则表现为二者不相上下，没有明显的优劣趋势。

### 6.6.3.2　基于生态需水保证率的河流健康评价

金鑫等在面向河流生态健康的供水水库群联合调度研究中用生态需水保证率作为河流健康表征指标[62]。同时徐伟等人将适宜生态流量保证率作为水量特征指标来评估河流生态健康，两者之间的关系见表6.10[63]。本书也以其作为汉北河健康评价指标，即河流径流量可以保证方案计算生态需水量的程度作为河流的健康程度评价标准。同时，为了与水质评价有效结合，并参考文献[64]中的健康等级划分，本书将表中"软度疾病"更正为"趋向亚健康"、将"疾病"与"重病"统一更为"不健康"，见表6.10。

表6.10　　　　　　基于生态流量保证率的河流健康评价标准

| 适宜生态流量保证率 $P$/% | $P \geqslant 80$ | $60 \leqslant P < 80$ | $40 \leqslant P < 60$ | $20 \leqslant P < 40$ | $P < 20$ |
|---|---|---|---|---|---|
| 健康等级 | 健康 | 亚健康 | 软度疾病 | 疾病 | 重病 |
| 新等级 | 健康 | 亚健康 | 趋向亚健康 | 不健康 | |

采用流速法的生态流量年保证率结果，参照表6.10评价标准进行生态健康等级评价，结果见表6.11。

由表6.11知，对于最小生态流量保证率，方案①～③均处于健康状态，而适宜生态需水流量保证率则介于亚健康与不健康之间。

表 6.11　　　　　　　　　　汉北河典型断面生态质量评价

| 断面号 | 最小生态流量保证率 | | | 适宜生态流量保证率 | | |
|---|---|---|---|---|---|---|
| | 方案① | 方案② | 方案③ | 方案① | 方案② | 方案③ |
| 25 | 健康 | 健康 | 健康 | 亚健康 | 趋向亚健康 | 不健康 |
| 71 | 健康 | 健康 | 健康 | 趋向亚健康 | 趋向亚健康 | 不健康 |

# 6.7　生态需水与生态补水计算

综上，最小生态需水方案①与适宜生态需水方案①均是三组方案中较容易实现且能保持生态系统相对健康的方案，同时综合考虑5—7月鱼类繁殖期的水量需求，得出断面25、断面71生态需水量结果，见表6.12。

表 6.12　　　　　　　　　　汉北河流域生态需水量计算结果

| 断面号 | 等级 | 生态需水量/(m³/s) | | | | | | | | | | | |
|---|---|---|---|---|---|---|---|---|---|---|---|---|---|
| | | 1月 | 2月 | 3月 | 4月 | 5月 | 6月 | 7月 | 8月 | 9月 | 10月 | 11月 | 12月 |
| 25 | 最小 | 5.0 | 5.0 | 5.0 | 5.0 | 9.9 | 9.9 | 9.9 | 5.0 | 5.0 | 5.0 | 5.0 | 5.0 |
| | 适宜 | 16.0 | 16.0 | 16.0 | 16.0 | 44.6 | 44.6 | 44.6 | 16.0 | 16.0 | 16.0 | 16.0 | 16.0 |
| 71 | 最小 | 10.8 | 10.8 | 10.8 | 10.8 | 22.5 | 22.5 | 22.5 | 10.8 | 10.8 | 10.8 | 10.8 | 10.8 |
| | 适宜 | 36.0 | 36.0 | 36.0 | 36.0 | 89.2 | 89.2 | 89.2 | 36.0 | 36.0 | 36.0 | 36.0 | 36.0 |

由于天门水文站距离断面25距离较近，忽略水量损失，对前文计算的生态流量组合与断面25最小生态需水计算结果进行对比，见表6.13。表6.13中可见，流速法生态需水的适宜等级计算结果偏大，其中4个月份的计算结果高于对应月份的多年平均径流量，其余月份占多年平均径流量的占比达35%～95%，平均占比达63%，比例较高，因此适宜生态需水结果不宜采用。

表 6.13　　　　　　　　　　天门水文站生态补水量

| 月　份 | | 1 | 2 | 3 | 4 | 5 | 6 | 7 | 8 | 9 | 10 | 11 | 12 |
|---|---|---|---|---|---|---|---|---|---|---|---|---|---|
| 生态流量组合 /(m³/s) | 最小 | 1.02 | 1.56 | 1.68 | 2.9 | 4.32 | 4.72 | 7.33 | 4.6 | 3.53 | 3.2 | 2.24 | 1.23 |
| | 适宜 | 2.04 | 3.12 | 3.36 | 5.8 | 17.28 | 18.88 | 34.8 | 20 | 14.12 | 6.4 | 4.48 | 2.46 |
| 流速法生态 需水/(m³/s) | 最小 | 5.0 | 5.0 | 5.0 | 5.0 | 9.9 | 9.9 | 9.9 | 5.0 | 5.0 | 5.0 | 5.0 | 5.0 |
| | 适宜 | 16.0 | 16.0 | 16.0 | 16.0 | 44.6 | 44.6 | 44.6 | 16.0 | 16.0 | 16.0 | 16.0 | 16.0 |
| 天门水文站多年 平均径流量/(m³/s) | | 10.2 | 15.6 | 16.8 | 29 | 43.2 | 47.2 | 73.3 | 46 | 35.3 | 32 | 22.4 | 12.3 |

考虑流速法生态需水最小等级与生态流量组合适宜等级均是保护鱼类为目的，在满足二者流量的条件下，即可满足鱼类的生存、生长以及繁殖，因此综

合二者的结果作为汉北河断面 25 的流速法生态需水结果，见表 6.14。

表 6.14　　　　　　　　汉北河断面 25 生态需水流量

| 月　份 | 1 | 2 | 3 | 4 | 5 | 6 | 7 | 8 | 9 | 10 | 11 | 12 |
|---|---|---|---|---|---|---|---|---|---|---|---|---|
| 生态需水量/(m³/s) | 5.0 | 5.0 | 5.0 | 5.8 | 17.28 | 18.88 | 34.8 | 20 | 14.12 | 6.4 | 5.0 | 5.0 |

另外，由于断面 71 上游有滶水、大富水汇入，计算断面 71 生态需水量时需考虑滶水、大富水入流情况。统计天门水文站、滶水、大富水多年平均月流量，见表 6.15。由表 6.15 可见，在天门水文站正常来水情况下，断面 71 的最小生态需水量可以得到满足。

表 6.15　　　　天门水文站、滶水、大富水入汉北河月平均流量统计

| 月　份 | | 1 | 2 | 3 | 4 | 5 | 6 | 7 | 8 | 9 | 10 | 11 | 12 |
|---|---|---|---|---|---|---|---|---|---|---|---|---|---|
| 月平均流量/(m³/s) | 天门水文站 | 10.2 | 15.6 | 16.8 | 29 | 43.2 | 47.2 | 73.3 | 46 | 35.3 | 32 | 22.4 | 12.3 |
| | 滶水 | 2.4 | 2.1 | 2.5 | 4.0 | 7.8 | 12.1 | 19.9 | 16.3 | 10.9 | 8.6 | 6.1 | 3.4 |
| | 大富水 | 3.9 | 4.8 | 6.4 | 9.3 | 18.4 | 23.3 | 41.7 | 21.6 | 12.5 | 9.6 | 7.8 | 4.6 |
| 合计 | | 16.5 | 22.5 | 25.7 | 42.3 | 69.4 | 82.6 | 134.9 | 83.9 | 58.7 | 50.2 | 36.3 | 20.3 |

基于以上分析，在确保天门水文站正常来水的情况下，断面 71 的生态需水量即可得到满足。考虑生态需水占河流自然径流的百分比不宜过高，否则会影响河流其他方面的用水，以 40% 为宜计算汉北河生态补水量，见表 6.16。由表 6.16 可见，1 月、7 月、8 月以及 12 月需要通过外部引水进行生态补水，合计年需水量为 2.55 亿 m³。

表 6.16　　　　　　　　汉北河逐月生态补水流量

| 月　份 | 1 | 2 | 3 | 4 | 5 | 6 | 7 | 8 | 9 | 10 | 11 | 12 |
|---|---|---|---|---|---|---|---|---|---|---|---|---|
| 生态补水流量/(m³/s) | 0.92 | 0 | 0 | 0 | 0 | 0 | 5.48 | 1.6 | 0 | 0 | 0 | 0.08 |

# 第7章 生径比计算及分析

生径比指一定时空范围内生态系统为维持某一生态目标状态所需的生态需水量和其天然径流量之比[39]。生径比可以反映生态需水量的动态变化特征及其与天然径流之间的吻合情况。利用生径比对流速法求得的汉北河生态需水进行评价。

## 7.1 年生径比

### 7.1.1 最小年生径比

由图7.1可知，汉北河最小年生径比的平均值为0.19，总体较小，即表示生态需水占天然径流比例较小，在天然情况的径流量下较易满足生态需水的需求。同时，汉北河最小年生径比大小关系为：断面71>断面25，说明断面25在Tennant法较低等级下即可满足最小生态流量，而断面71需要更大比例水量以满足生态需水需求，以维持最基本的生态系统健康。

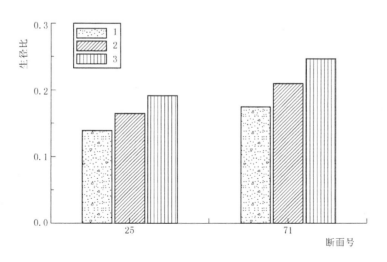

图7.1 汉北河断面流速法最小年生径比

### 7.1.2　适宜年生径比

适宜年生径比见图 7.2。与最小年生径比不同，汉北河适宜年生径比相对较大，适宜年生径比的平均值达 0.79。断面 25、断面 71 的方案③的生径比均大于 1，生态需水量超过了天然径流量，河流径流不能满足生态系统对水资源的需求。方案①、方案②生径比均小于 1，但是其数值远高于最小年生径比比值，如果将河流径流用于满足生态需水则会影响其他方面的用水需求。现有条件下，汉北河流域的适宜生态需水不易得到满足。

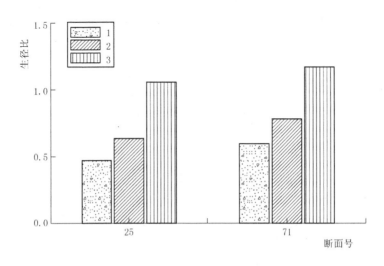

图 7.2　汉北河断面流速法适宜年生径比

## 7.2　月生径比

为进一步考虑汉北河生态系统对水量的需求，特别是鱼类在产卵期、非产卵期对流速水深的要求，并为水资源联合调度提供较为详细的生态流量信息，以月为时间基本单位，计算汉北河月生径比。

### 7.2.1　最小月生径比

图 7.3 所示为断面 25 最小生态需水条件下的生径比比值，图中可见三个方案 1—12 月的生径比比值均小于 1，除 2 月、3 月方案③的生径比比值较高外，其余月份三个方案的生径比比值均低于 0.4，所有月份生径比平均比值为 0.21，属于正常可满足范围。图 7.4 为断面 71 最小生态需水条件下的生径比

比值，1—4 月生径比比值相对较高，尤其是方案③，其余月份均在 0.4 以下，所有月份生径比平均比值为 0.29，基本处于实际径流可以满足生态需水量的范围。

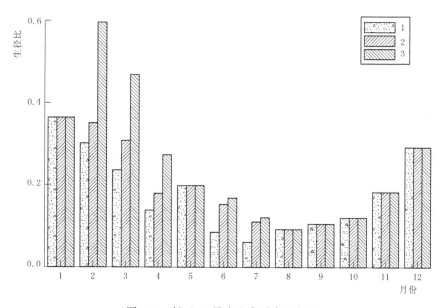

图 7.3 断面 25 最小生态需水生径比

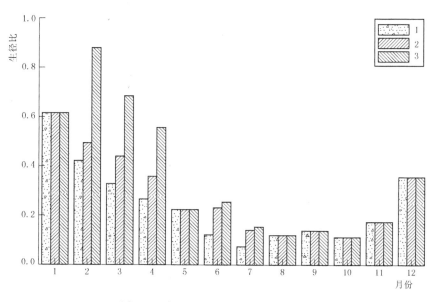

图 7.4 断面 71 最小生态需水生径比

## 7.2.2　适宜月生径比

图 7.5、图 7.6 所示为断面 25、断面 71 的适宜月生径比情况，二者适宜月生径比平均比值分别为 0.93、1.21，远高于最小月生径比比值。

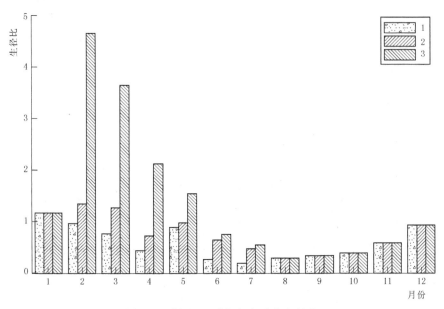

图 7.5　断面 25 适宜生态需水生径比

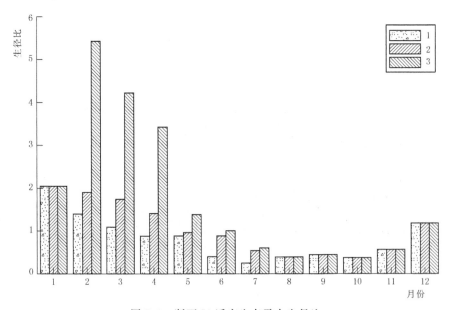

图 7.6　断面 71 适宜生态需水生径比

由图 7.5 可见,虽然方案①的 2—12 月、方案②的 4—12 月、方案③的 6—12 月的生径比比值均在 0~1 范围内,除 7—9 月以外,其他月份生径比比值均比较高,河流实际径流量不易满足生态需水量;其他月份的计算结果均大于 1,河流径流量不足以支撑其适宜生态需水量。图 7.6 为断面 71 适宜生态需水条件下的生径比比值,方案①的 4—11 月、方案②的 5—11 月以及方案③7—11 月生径比比值均在 0~1 范围内;与断面 25 具有相同的趋势,7—9 月以外的月份生径比比值相对较高,不易满足。

基于以上分析,汉北河河流生径比具有显著的时间、空间差异性。因此,如需满足河流生态需水需求,则需在空间上进行适当的调配以满足不同河段的需求;在时间上,受先天不足的影响,枯水季要补充相应生态用水以满足河流生态系统的需求。

# 7.3 汛期与非汛期生径比

## 7.3.1 汛期与非汛期最小生径比

因汛期与非汛期生态需水涉及鱼类产卵及一般用水情况,涉及水资源的合理配置,因此有必要进一步考虑汛期与非汛期最小生径比,见表 7.1。

表 7.1 汉北河典型断面汛期与非汛期最小生径比

| 断面号 | 最 小 生 径 比 | | | | | |
|---|---|---|---|---|---|---|
| | 方案① | | 方案② | | 方案③ | |
| | 汛期 | 非汛期 | 汛期 | 非汛期 | 汛期 | 非汛期 |
| 25 | 0.10 | 0.20 | 0.13 | 0.22 | 0.14 | 0.29 |
| 71 | 0.13 | 0.25 | 0.17 | 0.28 | 0.18 | 0.36 |

由表 7.1 知,对于同一断面,非汛期生径比大于汛期,这与 Tennant 法的结果一致。非汛期径流较小,需要预留相对较多的生态用水作为生态流量,而汛期水资源相对丰富,生径比较小,河道易满足生态系统需水要求;对于同一河流的不同断面,下游生径比大于上游,原因在于断面 71 地势平坦且宽,流速-流量关系曲线较陡,需要较大流量才能满足最小生态流速和水深需求。

## 7.3.2 汛期与非汛期适宜生径比

计算汛期与非汛期适宜生径比,见表 7.2。

表 7.2　　　　　　　　汉北河典型断面汛期与非汛期适宜生径比

| 断面号 | 适 宜 生 径 比 | | | | | |
| --- | --- | --- | --- | --- | --- | --- |
| | 方案① | | 方案② | | 方案③ | |
| | 汛期 | 非汛期 | 汛期 | 非汛期 | 汛期 | 非汛期 |
| 25 | 0.37 | 0.64 | 0.54 | 0.80 | 0.68 | 1.70 |
| 71 | 0.46 | 0.82 | 0.65 | 1.00 | 0.77 | 1.83 |

汛期与非汛期适宜生径比与年生径比结果一致，三个方案均表现为断面 71 大于断面 25；相同断面、相同方案条件下，依然是汛期生径比小于非汛期生径比，此结果与最小生径比结果一致。总体来说，断面 25 的汛期与非汛期生径比在个别情况可以得到满足，但总体较难满足；断面 71 仅方案①的汛期生径比比值小于 1，其他均大于 1，基本无法满足生态需水需求。

## 7.4　基于生径比标准的评价

据第 4 章考虑径流年际差异的生径比标准，以流速法各方案为拟采用结果，将其与所定生径比标准进行比较，并考虑到汉北河流域水资源实际情况，在流速法各方案均满足 Tennant 标准生径比情况下，尽量选择较低等级方案作为汉北河流域生态需水计算依据，从而进行简化得流速法计算结果满足 Tennant 标准生径比情况。

比较生态需水量方案①～③生径比比值与生径比标准值，若方案对应的生径比值小于生径比标准，则说明对应方案水量不能满足生态需水的要求；反之，则说明水量可以满足河流生态需水的要求。表 7.3 中所列出的方案即为可以满足生径比标准所对应的方案，"无"即表示方案①～③均无法满足生径比标准的要求。

如表 7.3 所示，首先分析最小生态需水，采用方案①可满足断面 25、断面 71 丰水年、平水年 Tennant 法所定的生径比标准，采用方案②、方案③可满足枯水年以及特枯年的非汛期 Tennant 法所定的生径比标准，而特枯年的汛期无法通过方案①、方案②、方案③来满足；其次分析适宜生态需水，采用方案③可以满足断面 25、断面 71 四个年型的非汛期以及丰水年的汛期 Tennant 法所定的生径比标准，枯水年、特枯年的汛期无法通过方案①、方案②、方案③来满足。通过以上分析，流速法及 Tennant 法生径比标准在一定程度上可为维持流域内生态系统健康的宏观把握，以及水资源调度管理提供一定参考依据。

表 7.3 生态需水不同方案满足生径比标准情况

| 等 级 | 时期 | 年型 | 满足生径比标准的方案 | |
|---|---|---|---|---|
| | | | 断面 25 | 断面 71 |
| 最小生态需水 | 汛期 | 丰水年 | ① | ① |
| | | 平水年 | ① | ① |
| | | 枯水年 | ② | ③ |
| | | 特枯年 | 无 | 无 |
| | 非汛期 | 丰水年 | ① | ① |
| | | 平水年 | ① | ① |
| | | 枯水年 | ② | ① |
| | | 特枯年 | ③ | ③ |
| 适宜生态需水 | 汛期 | 丰水年 | ③ | ③ |
| | | 平水年 | ③ | 无 |
| | | 枯水年 | 无 | 无 |
| | | 特枯年 | 无 | 无 |
| | 非汛期 | 丰水年 | ③ | ③ |
| | | 平水年 | ③ | ③ |
| | | 枯水年 | ③ | ③ |
| | | 特枯年 | ③ | ③ |

在此基础上，综合方案①与生态流量组合的结果，并计算生径比评价，结果见表 7.4。由表 7.4 中可见，综合结果仅在特枯年的非汛期无法满足生径比评价标准，其他年型均可得到满足。

表 7.4 综合方案①与生态流量组合结果满足生径比标准的情况

| 等 级 | 时期 | 年型 | 是否满足生径比评价标准 | |
|---|---|---|---|---|
| | | | 断面 25 | 断面 71 |
| 最小生态需水 | 汛期 | 丰水年 | 是 | 是 |
| | | 平水年 | 是 | 是 |
| | | 枯水年 | 是 | 是 |
| | | 特枯年 | 是 | 是 |
| | 非汛期 | 丰水年 | 是 | 是 |
| | | 平水年 | 是 | 是 |
| | | 枯水年 | 是 | 是 |
| | | 特枯年 | 否 | 否 |

# 第8章 结论与展望

## 8.1 结论

本书在国内外生态需水的研究基础上，结合水生态系统特点，并以汉北河流域为例，采用流速法对汉北河流域典型河道断面的生态需水进行计算和分析，在研究过程中得出了以下主要结论。

（1）剖析了生径比概念内涵、特征及其影响因子，并基于 Tennant 法计算了汉北河不同河段、不同年型（丰水年、平水年、枯水年、特枯年）、不同时期（汛期与非汛期）以及不同等级尺度下的生径比标准，基于此标准对流速法生态需水方案进行评价，确定了不同方案对汉北河不同河段、不同年型、不同时期生态需水的满足情况。

（2）以青草鲢鳙四大家鱼为保护对象，利用 IHA 软件对汉北河环境流量组合进行分析，计算四大家鱼对环境流量的需求，结合 Tennant 法生态需水计算结果，确定汉北河最小、适宜等级的生态流量组合。最小等级汉北河生态流量组合采用 Tennant 法 10％等级标准，适宜等级汉北河生态流量组合由 Tennant 法 20％～40％等级标准与基于鱼类生存、生活确定的特殊流量共同确定，年平均生态需水流量为 $11.1 \mathrm{m}^3/\mathrm{s}$，约占总径流量的 34.6％。

（3）通过流速法计算鱼类所需生态需水流量，设定最小、平均与最大三个方案，并分别基于三个方案所设定的条件计算最小、适宜生态需水量。以 Tennant 法的不同推荐基流标准为评价标准，对三个方案生态需水结果进行评价以及合理性分析，结果显示流速法计算的生态需水结果合理，且方案①宜采用为最小、适宜生态需水的最佳方案。综合生态流量组合计算结果与方案①生态需水计算结果，确定了汉北河逐月生态需水流量与生态补水量。汉北河逐月生态需水量详见表 6.14，其中多数月份的径流量可以满足其生态需水量，1月、7月、8月以及 12月需要通过外部引水进行生态补水，合计年需水量约为 $2.55 \text{亿 m}^3$。

（4）基于汉北河水文数据计算不同河流断面、不同年型、不同等级的生径比标准，并以此对流速法计算的三个生态需水方案的结果进行评价，以确定不同方案生态需水结果对汉北河生径比的满足程度，结果显示：方案①可以满足丰水年、平水年的汛期、非汛期的最小生态需水，枯水年与特枯年则需要方案

②、方案③及更大的水量才能满足；适宜生态需水对水量要求较高，需要方案③及更大的水量，在汉北河现有水量条件下基本无法得到满足。综合方案①与生态流量组合结果，进行生径比评价，结果显示其仅在特枯年的非汛期无法满足生径比评价，其余年型以及汛期、非汛期均可得到满足。

综上所述，基于流速法的生态需水结算结果可以很好地满足河流生态需水需求，由于鱼类的用水需求主要集中在汛期，因此基于生态需水计算结果的特枯年的非汛期生径比评价无法得到满足并不会对鱼类的生存产生明显影响，生态需水计算结果合理，可达到保护鱼类的目的。

## 8.2　展望

由于河流生态需水研究非常复杂，且因时间、资料和作者研究水平限制，本书中存在局限与不足，今后将在以下两个方面展开深入研究工作。

（1）生态需水具有水质水量一致性，生径比也有此特征，而本书未考虑不同水质下的生径比，仅从水量上来研究生径比的变化规律，与实际情况还有一定差距。因此，未来应从水质和水量耦合角度来研究生径比。

（2）本书生径比标准的确定主要基于 Tennant 法，这种纯水文学方法所定标准带来一定方便的同时，却忽略了一定生物信息，因此，未来生径比标准的确定更应从生态学入手，采用整体分析法，从河流生态系统整体出发，综合考虑生物保护、栖息地维持、泥沙输移、污染控制和景观维护等生态需求。

# 参 考 文 献

[1] 刘昌明，王红瑞. 浅析水资源与人口、经济和社会环境的关系 [J]. 自然资源学报，2003 (5)：635 - 644.

[2] 吕睿. 浅谈我国水资源保护 [J]. 黑河学刊，2017 (1)：1 - 3.

[3] 王熹，王湛，杨文涛，等. 中国水资源现状及其未来发展方向展望 [J]. 环境工程，2014，32 (7)：1 - 5.

[4] 夏军. 我国水资源管理与水系统科学发展的机遇与挑战 [J]. 沈阳农业大学学报（社会科学版），2011，13 (4)：394 - 398.

[5] 陈敏. 湖北省水功能区划暨水资源保护规划研究 [D]. 武汉：武汉大学，2004.

[6] 王法磊. 流域生态需水研究——以抚河流域为例 [D]. 南昌：江西师范大学，2010.

[7] 黄晓荣. 宁夏经济用水与生态用水合理配置研究 [D]. 成都：四川大学，2005.

[8] 卞戈亚. 南方地区河流系统生态需水量研究 [D]. 扬州：扬州大学，2003.

[9] 陈朋成. 黄河上游干流生态需水量研究 [D]. 西安：西安理工大学，2008.

[10] 苏飞. 河流生态需水计算模式及应用研究 [D]. 南京：河海大学，2005.

[11] 王西琴，刘昌明，杨志峰. 生态及环境需水量研究进展与前瞻 [J]. 水科学进展，2002，13 (4)：507 - 514.

[12] 徐志侠，陈敏建，董增川. 河流生态需水计算方法评述 [J]. 河海大学学报（自然科学版），2004，32 (1)：5 - 9.

[13] 靳美娟. 生态需水研究进展及估算方法评述 [J]. 农业环境与发展，2013，(5)：53 - 57.

[14] 崔瑛，张强，陈晓宏，等. 生态需水理论与方法研究进展 [J]. 湖泊科学，2010，22 (4)：465 - 480.

[15] CAISSIE D，EL - JABI N. Comparison and regionalization of hydrologically based in-stream flow techniques in Atlantic Canada [J]. Canadian Journal of Civil Engineering，1995，22 (2)：235 - 246.

[16] 刘蕾. 东北典型湿地及松辽流域河道内生态需水研究 [D]. 武汉：武汉大学，2005.

[17] GLEICK P H. Water in crisis：paths to sustainable water use [J]. Ecological applications，1998，8 (3)：571 - 579.

[18] GLEICK P H. A look at twenty - first century water resources development [J]. Water International，2000，25 (1)：127 - 138.

[19] 刘昌明. 中国 21 世纪水供需分析：生态水利研究 [J]. 中国水利，1999 (10)：18 - 20.

[20] 刘昌明，何希吾. 中国 21 世纪水问题方略 [M]. 北京：科学出版社，1996.

[21] 汤奇成. 塔里木盆地水资源与绿洲建设 [J]. 干旱区资源与环境，1990 (3)：110 - 116.

[22] 汤奇成. 绿洲的发展与水资源的合理利用 [J]. 干旱区资源与环境，1995 (3)：107 - 112.

[23] 钱正英. 中国可持续发展水资源战略研究综合报告及各专题报告 [M]. 北京：中国水利水电出版社，2001.

［24］ 刘洁，王先甲. 新疆玛纳斯流域生态环境需水分析［J］. 干旱区资源与环境，2007，21（2）：104－109.

［25］ 王芳，王浩，陈敏建，等. 中国西北地区生态需水研究（2）——基于遥感和地理信息系统技术的区域生态需水计算及分析［J］. 自然资源学报，2002，17（2）：129－137.

［26］ 刘静玲，杨志峰. 湖泊生态环境需水量计算方法研究［J］. 自然资源学报，2002，17（5）：604－609.

［27］ 李丽娟，郑红星. 海滦河流域河流系统生态环境需水量计算［J］. 地理学报，2000，55（4）：495－500.

［28］ 石伟，王光谦. 黄河下游生态需水量及其估算［J］. 地理学报，2002，57（5）：595－602.

［29］ 刘凌，董增川，崔广柏，等. 内陆河流生态环境需水量定量研究［J］. 湖泊科学，2002，14（1）：25－31.

［30］ 吉利娜. 水力学方法估算河道内基本生态需水量研究［D］. 杨凌：西北农林科技大学，2006.

［31］ 王俊钗，张翔，吴绍飞，等. 基于生径比的淮河流域中上游典型断面生态流量研究［J］. 南水北调与水利科技，2016，14（5）：71－77.

［32］ 梁友. 淮河水系河湖生态需水量研究［D］. 北京：清华大学，2008.

［33］ 徐志侠. 河道与湖泊生态需水理论与实践［M］. 北京：中国水利水电出版社，2005.

［34］ 赵长森，刘昌明，夏军，等. 闸坝河流河道内生态需水研究——以淮河为例［J］. 自然资源学报，2008（3）：400－411.

［35］ 李修峰，黄道明，谢文星，等. 汉江中游产漂流性卵鱼类产卵场的现状［J］. 大连水产学院学报，2006，21（2）：105－111.

［36］ 刘建康. 高级水生生物学［M］. 北京：科学出版社，1999.

［37］ 杨文慧. 河流健康的理论构架与诊断体系的研究［D］. 南京：河海大学，2007.

［38］ 吴道喜，黄思平. 健康长江指标体系研究［J］. 水利水电快报，2007，28（12）：1－3.

［39］ 朱才荣，张翔，穆宏强. 汉江中下游河道基本生态需水与生径比分析［J］. 人民长江，2014（12）：10－15.

［40］ 朱才荣. 淮河典型河道断面生态需水与生径比研究［D］. 武汉：武汉大学，2015.

［41］ 吴喜军，李怀恩，董颖，等. 基于基流比例法的渭河生态基流计算［J］. 农业工程学报，2011，27（10）：154－159.

［42］ ARTHINGTON A H, BUNN S E, POFF N L, et al. The challenge of providing environmental flow rules to sustain river ecosystems［J］. Ecological Applications，2006，16（4）：1311－1318.

［43］ NEUBAUER C P, HALL G B, LOWE E F, et al. Minimum Flows and Levels Method of the St. Johns River Water Management District, Florida, USA［J］. Environmental Management，2008，42（6）：1101－1114.

［44］ 李杰，石凤翔，潘良曦. 湖北省"四大家鱼"、河蟹苗种生产现状及可持续发展对策［J］. 渔业致富指南，2008（23）：16－20.

［45］ 许承双，艾志强，肖鸣. 影响长江四大家鱼自然繁殖的因素研究现状［J］. 三峡大学学报（自然科学版），2017，39（4）：27－30.

[46] 韩林峰，王平义，刘晓菲. 长江中下游人工鱼礁最佳布设间距的 CFD 分析 [J]. 环境科学与技术，2016，39（7）：75 - 79.

[47] 李建，夏自强，王远坤，等. 长江中游四大家鱼产卵场河段形态与水流特性研究 [J]. 工程科学与技术，2010，42（4）：63 - 70.

[48] 柏海霞，彭期冬，李翀. 长江四大家鱼产卵场地形及其自然繁殖水动力条件研究综述 [J]. 中国水利水电科学研究院学报，2014，12（3）：249 - 257.

[49] 张远，王丁明，王西琴，等. 基于鱼类保护目标的太子河环境流量研究 [J]. 环境科学学报，2012，32（12）：3143 - 3151.

[50] 何学福，邓其祥. 嘉陵江主要经济鱼类越冬场、产卵场、幼鱼索饵场调查及保护利用 [J]. 西南师范学院学报（自然科学版），1979（2）：27 - 41.

[51] 李剑锋，张强，陈晓宏，等. 考虑水文变异的黄河干流河道内生态需水研究 [J]. 地理学报，2011，66（1）：99 - 110.

[52] 王学雷，姜刘志. 三峡工程蓄水前后长江中下游环境流特征变化研究 [J]. 华中师范大学学报（自然科学版），2015，49（5）：797 - 804.

[53] RICHTER B D, WARNER A T, MEYER J L, et al. A Collaborative and Adaptive Process for Developing Environmental Flow Recommendations [J]. River Research & Applications，2006，22（3）：297 - 318.

[54] 曾思栋，夏军，杜鸿，等. 气候变化、土地利用/覆被变化及 $CO_2$ 浓度升高对滦河流域径流的影响 [J]. 水科学进展，2014，25（1）：10 - 20.

[55] 黄琳煜，聂秋月，周全，等. 基于 MIKE11 的白莲泾区域水量水质模型研究 [J]. 水电能源科学，2011（8）：21 - 24.

[56] 赵凤伟. MIKE11 HD 模型在下辽河平原河网模拟计算中的应用 [J]. 水利科技与经济，2014（8）：33 - 35.

[57] 伍成成. Mike11 在盘锦双台子河口感潮段的应用研究 [D]. 青岛：中国海洋大学，2011.

[58] 张小琴，包为民，梁文清，等. 考虑区间入流的双向波水位演算模型研究 [J]. 水力发电，2009，35（6）：8 - 11.

[59] 张召喜. 基于 SWAT 模型的凤羽河流域农业面源污染特征研究 [D]. 北京：中国农业科学院，2013.

[60] 陈丹，张冰，曾逸凡，等. 基于 SWAT 模型的青山湖流域氮污染时空分布特征研究 [J]. 中国环境科学，2015，35（4）：1216 - 1222.

[61] 李梅，黄强，张洪波，等. 基于生态水深-流速法的河段生态需水量计算方法 [J]. 水利学报，2007，38（6）：738 - 742.

[62] 金鑫. 面向河流生态健康的供水水库群联合调度研究 [D]. 大连：大连理工大学，2012.

[63] 徐伟，董增川，付晓花，等. 基于 BP 人工神经网络的河流生态健康预警 [J]. 河海大学学报（自然科学版），2015，43（1）：54 - 59.

[64] 殷会娟. 河流生态需水及生态健康评价研究 [D]. 天津：天津大学，2005.